30 Minuten
Content-Strategie

Martin Schwarz, Christoph Moss

Bibliografische Information der Deutschen Nationalbibliothek. Die Deutsche Nationalbibliothek verzeichnet diese Publikation in der Deutschen Nationalbibliografie; detaillierte bibliografische Daten sind im Internet über http://dnb.d-nb.de abrufbar.

ISBN 978-3-96739-135-0

Umschlaggestaltung: die imprimatur, Hainburg
Umschlagkonzept: Buddelschiff, Stuttgart – www.Buddelschiff.de
Lektorat: Silke Martin, Kriftel
Autorenfoto Christoph Moss: Mediamoss Newsroom
Autorenfoto Martin Schwarz: Privat
Satz: Zerosoft, Timisoara (Rumänien)
Druck und Verarbeitung: Salzland Druck, Staßfurt

© 2023 GABAL Verlag GmbH, Offenbach
Alle Rechte vorbehalten. Nachdruck, auch auszugsweise, nur mit schriftlicher Genehmigung des Verlags.

Wir drucken in Deutschland.

www.gabal-verlag.de
www.gabal-magazin.de
www.twitter.com/gabalbuecher
www.facebook.com/gabalbuecher
www.instagram.com/gabalbuecher

Wir übernehmen Verantwortung! Ökologisch und sozial!
- Verzicht auf Plastik: kein Einschweißen der Bücher in Folie
- Nachhaltige Produktion: Verwendung von Papier aus nachhaltig bewirtschafteten Wäldern, PEFC-zertifiziert
- Stärkung des Wirtschaftsstandorts Deutschland: Herstellung und Druck in Deutschland

Wissen auf den Punkt gebracht

Dieses Buch ist so konzipiert, dass Sie in kurzer Zeit prägnante und fundierte Informationen aufnehmen können. Mithilfe eines Leitsystems werden Sie durch das Buch geführt. Es erlaubt Ihnen, innerhalb Ihres persönlichen Zeitkontingents (von 10 bis 30 Minuten) das Wesentliche zu erfassen.

Kurze Lesezeit

In 30 Minuten können Sie das ganze Buch lesen. Wenn Sie weniger Zeit haben, lesen Sie gezielt nur die Stellen, die für Sie wichtige Informationen beinhalten.
- Schlüsselfragen mit Seitenverweisen zu Beginn eines jeden Kapitels erlauben eine schnelle Orientierung: Sie blättern direkt zu dem Thema, das Sie besonders interessiert.
- **Zahlreiche Zusammenfassungen innerhalb der Kapitel erlauben das schnelle Querlesen.**
- Ein Fast Reader am Ende des Buches fasst alle wichtigen Aspekte zusammen.
- Ein Register erleichtert das Nachschlagen.

Inhalt

Vorwort 6

1. **Content Divide: Inhalt wird zum entscheidenden Asset** 9
   Mediales Vakuum: Was nun auf Ihr Unternehmen zukommt..10
   Der zunehmende Vertrauensgewinn von Unternehmen 13
   Wie eine Content-Strategie wirkt..................................17

2. **Content-Strategie & Message Control: Die richtigen Themen finden** 23
   Missverständnisse in der Content-Strategie................24
   In 7 Schritten zur erfolgreichen Content-Strategie ...37

3. **Content-Formate & Themen: Wie Inhalte erfolgreich werden** 49
   Die 4 Ps im Content Marketing......................................50
   Das Content Mission Statement 52
   Persona-Konstruktion im Content Marketing..............53
   Den Sweet Spot finden..61
   Die richtige Themenarchitektur für Ihre Inhalte........64
   Wo welches Content-Format wie wirkt........................67

**4. Digital Newsroom: Ihre digitale Kommunikations-
zentrale** **75**
   Der Content Hub als Digital Newsroom 75
   Verantwortung im Digital Newsroom 81

Fast Reader **88**
Die Autoren 92
Quellen 94
Register 96

Vorwort

In der Unternehmenskommunikation lösen sich derzeit viele jahrzehntelang nicht hinterfragte Gewissheiten rasend schnell auf: Pressearbeit verliert ihre Wirkung, weil traditionelle Medien, ökonomisch erschöpft, ihr Publikum verlieren. Werbung verfängt nicht mehr, weil sich Menschen mittlerweile vor ihr schützen und sie zu ignorieren wissen. Diese Entwicklung wird begleitet durch einen enormen Vertrauensverlust bei traditionellen Medien.

Für Sie als Kommunikator:in bedeutet dies, zu akzeptieren, dass sich bisher gepflegte Kanäle zur Distribution der jeweiligen Botschaften langsam verschließen. Und dass Konsumentinnen und Konsumenten, befähigt unter anderem durch Social Media, eine noch nie da gewesene Macht haben. Sie können nicht nur Botschaften empfangen, sondern sie auch formen, aktiv werden, Dialogpartnerinnen und -partner von Unternehmen werden. Wer den Anspruch seiner Zielgruppen nach nutzwertiger Information, nach Dialog, nach Unterstützung bei wesentlichen Entscheidungen nicht erfüllt, wird künftig bestenfalls ignoriert. Wer das Vertrauen seiner Zielgruppen gewinnen möchte, ist gut beraten, darüber nachzudenken, worüber die Zielgruppen nachdenken.

Dieses Buch zeichnet die Entwicklung im Marketing nach und entwickelt daraus Optionen, welche Schlussfolgerungen aus dem beschriebenen Umbruch Sie ziehen und wie Sie daraus eine maximal erfolgreiche Content-Strategie ableiten können.

Wir wollen dieses Buch nur als Anfang einer längeren Diskussion über Content Marketing verstanden wissen. Deshalb begleiten wir diese Ideen auch auf Twitter und LinkedIn. Wenn Sie also Fragen haben oder mit uns über die Inhalte diskutieren wollen, folgen Sie uns gleich auf **https://twitter.com/30mincontent**

oder auf **linkedin.com/groups/13787254/**

Wir freuen uns auf Ihre Fragen!

Wir möchten hier auch all jenen Menschen danken, die uns auf dem Weg zu und durch dieses Buch begleitet haben.

Unser besonderer Dank geht hier an Lara Behrens. Sie hat mit ihrem kritischen Blick auf all die versteckten Fehler, die einem beim Schreiben gar nicht so auffallen, wesentlich zum Erscheinen dieses Werkes beigetragen!

Viel Vergnügen und noch mehr wertvolle Erkenntnisse bei der Lektüre wünschen Ihnen

Martin Schwarz & Christoph Moss

Welche Chancen bietet die Medienkrise Ihrem Unternehmen?
Seite 10

Wie können Sie vom Vertrauensverlust in den Medien profitieren?
Seite 13

Wie wirkt eigentlich eine Content-Strategie?
Seite 17

1. Content Divide: Inhalt wird zum entscheidenden Asset

In vielen Unternehmen hat man die neuen publizistischen Kraftfelder schon registriert: Manch Presseaussendung hat weniger Resonanz als ein einziger Tweet eines Branchenkundigen. Pressekonferenzen, ob mit Häppchen oder ohne, finden kaum noch die Resonanz von früher.

Kein Wunder: Viele Zeitungen kämpfen ums Überleben, und einige von ihnen versuchen diesen Kampf durch maximale personelle Ausdünnung zu gewinnen. Es ist eine Entwicklung, die seit Jahrzehnten beobachtbar ist. Das ist einerseits sehr problematisch für uns alle, weil guter Journalismus wichtig in einer funktionierenden demokratischen Gesellschaft ist und für Ihr Unternehmen damit ein wichtiges Stück Wahrnehmung verloren geht; es ist aber auch eine Möglichkeit, selbst vom Objekt der Berichterstattung zum handelnden Part zu werden.

Die medialen Verwerfungen der vergangenen Jahrzehnte, der Bedeutungsverlust traditioneller Medien bei gleichzeitigem Bedeutungsgewinn eigener Plattformen, Blogs oder Social Media eröffnen Unternehmen eine ungeheure Chance: sich selbst als vertrauenswürdige Informationszentrale zu positionieren und die Distribution und letztlich auch Deutung von unternehmensrelevanten Nachrichten nicht mehr Dritten zu überlassen, somit also einen enormen Kontrollgewinn zu erzielen. Das alles allerdings funktioniert nur unter Berücksichtigung einer Content-Strategie, die über möglichst viele Kontaktpunkte entlang der gesamten Customer Journey an die jeweiligen Zielgruppen eine möglichst hohe Dichte an relevanten Inhalten distribuiert. Wir sind überzeugt: Content Marketing wird zum zentralen Asset von Unternehmen, zum wichtigsten Erfahrungsmerkmal, das eine Kundin oder ein Kunde und andere Stakeholder mit einem Unternehmen verbinden.

1.1 Mediales Vakuum: Was nun auf Ihr Unternehmen zukommt

Er hat den Begriff geprägt und eigentlich doch etwas anderes gemeint: Als der US-amerikanische Journalist John F. Oppedahl im Jahr 1996 für die American Society for Newspaper Editors eine Roundtable-Diskussion mit anderen Journalisten moderierte und sich die Gruppe Gedanken über die Zukunft der Zeitungsindustrie und insbesondere das Marketing für Zeitungen machte, sprach Oppedahl erstmals jenen Terminus aus, der vermutlich wie kein anderer die Kräfte- und Wirkungsverhältnisse zwischen Meinung, Medien und Marketing verändern sollte: Content Marketing. Dabei ging es Oppedahl naturgemäß nicht um jene heute von vielen Unternehmen eingesetzte Marketing-Strategie, sondern allein um eine Methode, die Zufriedenheit von Lesern und Leserinnen mit den Inhalten ihrer Zeitung zu erhöhen.

„Ein von John F. Oppedahl von ‚Arizona Republic' und der ‚Phoenix Gazette' moderierter Ideen-Roundtable bot verschiedene Möglichkeiten, über Leser und die Vermarktung der Zeitung nachzudenken. Anstelle der Leserschaft muss die Zufriedenheit gemessen werden – mit dem Ziel, die Unzufriedenen zu Zufriedenen und die Zufriedenen zu sehr Zufriedenen zu machen", heißt es in einem Blogbeitrag über die Veranstaltung von Rick Doyle, damals Redakteur des *Walla Walla Union-Bulletins*. Doyle gab diesem Blogbeitrag den Titel „Roundtable: Content Marketing"[1]. Ein Begriff, der später zum Buzzword werden sollte, war geboren. Nur hatten die Zeitungsmanagerinnen und Zeitungsmanager damals wohl anderes im Sinn mit diesem Begriff.

Der Medienwandel ist dramatisch
Was die Zeitungsmanagerinnen und -manager Mitte der 90er-Jahre des vergangenen Jahrhunderts nicht erkannt haben und wohl auch nicht erkennen konnten: Es werden wenige Jahre später andere sein, die den Hegemon vom Thron stürzen, die den Wandel einleiten von einer Mediengesellschaft, in der professionelle Inhalte-Anbieter kraft ihrer zentralisierten Strukturen und personellen Ressourcen die Zeitläufte bestimmen, hin zu Gesellschaftsmedien, also sozialen Plattformen oder Blogs, bei denen die Human-Ressourcen unerschöpflich sind und einem geistigen Perpetuum mobile gleich immer neue Inhalte erschaffen werden.

Die neue mediale Übermacht
Wir alle können also heute bloggen, twittern oder kommentieren, überall und immer. All dies wird möglich durch einen rasanten technischen Fortschritt. Und die Folgen für tradi-

tionelle Medien sind überall spürbar: Ein Fernsehspot erreicht nicht mehr zwingend ein Millionenpublikum. Es wird schwerer und schwerer, Menschen in grob gemusterte Zielgruppen einzusortieren. Aus dem elektronischen Lagerfeuer, wie man früher das TV-Gerät im Wohnzimmer landläufig nannte, sind nun viele digitale Glutnester geworden – stets bereit, um entzündet zu werden auf den sozialen Plattformen, deren Apps wir auf unseren Smartphones freudig nutzen.

Omnipräsente Meinungsflut
Wir haben es also insgesamt mit einer Entwicklung zu tun, in der sehr wenige Konzerne und Anbieter wie Twitter, Facebook, LinkedIn oder TikTok Meinungsströme zerrinnen lassen zu Tausenden und Abertausenden Meinungsrinnsalen und gleichzeitig die einstmals so gewohnten Rhythmen des Nachrichtenkonsums – die Tageszeitung morgens, die Tagesschau abends – keinerlei Bedeutung mehr haben. In dieser medialen Kakophonie einer ununterbrochen meinenden, kommunizierenden und kuratierenden Gesellschaft müssen sich auch Unternehmen neu positionieren – und diese Neupositionierung ist sowohl Risiko wie auch Chance.

Strategisches Content Marketing ist die Turbine, die aus Unternehmen letztlich Herausgeber nutzwertiger, für die Zielgruppe hilfreicher Inhalte machen könnte – mit heute noch unübersehbaren Folgen für die künftige Ausgestaltung unserer Medienlandschaft. John F. Oppedahl hat 1996 wahrscheinlich nicht geahnt, dass Content Marketing die Machtverhältnisse im Kommunikationsgeschäft weiter fragmentiert und klassische Medienhäuser weitgehend nicht die Nutznießer dieser Entwicklung sein würden.

Unsere Mediengesellschaft zerfasert zusehends, die großen Gravitationszentren der Meinungsbildung lösen sich auf in unzählige kleine und nicht mehr von traditionellen Medien bespielte Mini-Zentren: Meinungsbildner auf Twitter, Influencerinnen und Influencer auf TikTok, Expertinnen und Experten auf LinkedIn. Diese Entwicklung ist einerseits bedrohlich für unsere Gesellschaft, andererseits haben Unternehmen jetzt aber auch die einzigartige Möglichkeit, das Vakuum, das durch den Bedeutungsverlust traditioneller Medien entstanden ist, zu füllen: mit einer gut durchdachten Content-Strategie.

1.2 Der zunehmende Vertrauensgewinn von Unternehmen

Content Marketing ist, sofern es sich an klare Prozesse hält und strategisch umgesetzt wird, ein Hebel, der zuerst einmal dazu da ist, den Kommunikationsweg zur Konsumentin und zum Konsumenten abzukürzen. Der Umweg über klassische Medien – egal ob durch Pressearbeit oder durch Werbung – ist, jedenfalls theoretisch, nicht mehr nötig: Genutzt werden eigene Publikationen, Plattformen, Websites, Blogs. Recht offen hat das etwa Thomas Keller, damals Chefredakteur von *GE Report*, dem Online-Magazin von General Electric, schon im Jahr 2013 in einem Interview ausgesprochen: „Die Barriere zwischen Medien und Gesellschaft verschwindet – wenn es eine gute Geschichte ist, interessiert es die Menschen nicht, woher sie kommt. Das ist eine große Chance für Marken, ihre eigene Geschichte zu erzählen."[2]

Am Ende der Transformation sollte ein Unternehmen stehen, das die Medien als Multiplikator nicht mehr braucht, so Keller: „Das ultimative Ziel ist, die Pressemitteilung in den Ruhestand zu schicken. Sie ist ein großartiger Behälter für Fakten, aber Sie würden nie eine lesen wollen. Wir wollen Geschichten erzählen." Geschichten erzählt der *GE Report* nach wie vor, Presseaussendungen allerdings verschickt das Unternehmen auch noch immer.

Die Notwendigkeit erkennen

Die historisch starken, aber nun immer schwächer werdenden Gravitationszentren der Kommunikation, traditionelle Medien also, zu umgehen, schwächt diese Zentren indes auf zweierlei Weise: durch den Verlust des exklusiven Zugangs zu Informationen aus Unternehmen und natürlich durch den Verlust von Werbeschaltungen. Und weil sich die finanzielle und damit auch personelle Ausstattung von Medienhäusern zu einem Gutteil aus Werbegeldern speist, könnte Content Marketing letztlich auch den Bedeutungsverlust traditioneller Medien beschleunigen – und umgekehrt die Ressourcen auf Unternehmensseite ebenfalls umschichten, weg von klassischer Pressearbeit etwa, hin zum Content Marketing. Wir haben es also mit einer Entwicklung zu tun, bei der die einzelnen Faktoren notgedrungen dazu beitragen, die Bedeutung eigener Medien zu steigern und den Stellenwert bezahlter Medien zu senken. Für Unternehmen ergibt sich schon allein aus diesen Umfeld-Faktoren eine relativ simple Schlussfolgerung: Strategisches Content Marketing ist kein hübsches Add-on mehr im Marketing, sondern schlicht eine Notwendigkeit.

Vertrauen in Unternehmen

Dabei zeigen Studien, dass Unternehmen eine durchaus privilegierte Startposition haben, um mit Inhalten das Vertrauen ihrer Zielgruppen zu gewinnen und zu konservieren. Darüber gibt etwa die aktuelle Ausgabe des *Edelman Trust Barometers* Auskunft – eine jährlich von der PR-Agentur Edelman herausgegebene weltweite Untersuchung über die Vertrauenskonstellationen zwischen Bevölkerung und Unternehmen, Medien oder Politik.

So heißt es im *Edelman Trust Barometer 2021*, dass in 18 der 27 Länder, in denen die Umfrage durchgeführt wurde, Unternehmen ein höheres Vertrauen genießen als NGOs, die jeweilige Regierung oder die Medien des entsprechenden Landes. Gleichzeitig machen die Ergebnisse des *Edelman Trust Barometers*[3] deutlich, dass sich die Verantwortungslast für die Glaubwürdigkeit eines Unternehmens keineswegs nur auf den jeweiligen CEO beschränkt. Gefragt nach jenen Personen, denen Menschen am meisten vertrauen, wenn es um Informationen über ein Unternehmen geht, gaben nur 44 Prozent der Befragten den CEO an, aber 59 Prozent etwa einen „technischen Experten". Journalisten rangieren im Vertrauensindex dagegen ganz weit unten: Nur 36 Prozent der Befragten halten ihre Informationen über ein Unternehmen für vertrauenswürdig.[3]

Schluss mit Verlautbarungskommunikation
Aus den Ergebnissen der Umfrage lassen sich zweierlei Schlussfolgerungen ziehen:
1. dass Menschen offenbar an einem ganzheitlichen Bild interessiert sind, wenn es um Unternehmensinformationen geht, und Verlautbarungskommunikation, wie sie eben ein CEO zu schultern hat, längst nicht mehr reicht;
2. dass Unternehmen den Umweg über die Redaktionen offenbar gar nicht mehr nehmen müssen, um Vertrauen zu gewinnen.

Unternehmen werden also immer mehr zu kommunikativen Gravitationszentren auf einem augenscheinlich zerklüfteten Medienplaneten. Das fördert einen weiteren Paradigmenwechsel, der bloße Reichweite als Bezugsgröße für den ROI (Return on Investment) einer kommunikativen Maßnahme obsolet macht: Während klassische Werbung das Ziel hat, die jeweilige Botschaft möglichst vielen Menschen zugänglich zu machen, trachtet Content Marketing idealerweise danach, möglichst werthaltige Botschaften ausschließlich den richtigen Menschen zu vermitteln – im Laufe dieses Buches werden wir noch eingehend erläutern, wer diese richtigen Menschen denn überhaupt sein sollen.

In vielen Ländern haben traditionelle Medien nicht nur einen Bedeutungsverlust, sondern auch einen erheblichen Vertrauensverlust zu beklagen, gleichzeitig wächst das Vertrauen in die Informationen, die direkt aus Unternehmen kommen. Wenn Unternehmen ihre Kommunikation auf werthaltigen Informationen aufbauen und gleichzeitig die Distribution ihrer Inhalte verfeinern, können sie einen enormen Effekt erzielen.

1.3 Wie eine Content-Strategie wirkt

Viele Unternehmen haben bereits erkannt, welch ungeheures Potenzial darin liegt, mit nutzwertigen Inhalten und letztlich journalistischen Methoden all die Informationszwischenhändler zu umgehen. Die „Vogel Communications Group" hat 2020 Marketing-Entscheider aus dem B2B-Bereich gefragt, welche Kanäle sie vor allem nutzen, um Informationen über ihr Unternehmen zu distribuieren:

⇨ 94,5 Prozent der Befragten gaben unternehmenseigene Kanäle an,
⇨ 83,4 Prozent nannten Fachmedien,
⇨ 10,2 Prozent nannten Publikumsmedien,
⇨ für 81,6 Prozent der Befragten hatte Content Marketing unter den Marketing-Trends den höchsten Stellenwert.[4]

Nachhaltig und zielführend
Content Marketing rückt also im Kosmos der vielen unterschiedlichen Marketingmethoden von der Peripherie immer mehr ins Zentrum – und das hat mehrere gute Gründe.

Würde man all die Motivationen von Unternehmen, sich mit Content Marketing zu beschäftigen, stark komprimieren, könnte man es wohl so formulieren: Es ist die vielversprechendste und unter bestimmten Umständen nachhaltigste Methode, das Zielpublikum über eine oft ebenso lange wie auch wenig lineare Customer Journey zu begleiten und an den entscheidenden Stationen dieser Customer Journey Anknüpfungspunkte zu finden. Es ist darüber hinaus die einzige stimmige Methode, um ein Unternehmen, seine Geschichte, seine Ziele, seine Leistungen und vor allem seine Kompetenz gesamtheitlich darzustellen, ohne die Bedarfsgruppen mit redundanten Botschaften zu verfolgen.

Die Kraft der Informationssuche
Anders ausgedrückt: Eine Content-Strategie ist das Mittel der Wahl – und die Wahl hat der Kunde, die Kundin; die Wahl nämlich, ob er oder sie sich mit Inhalten auseinandersetzt oder eben nicht. Die Wesenhaftigkeit des Content Marketings als Inbound-Methode erhöht somit automatisch die Akzeptanz der Inhalte: **Inhalte, die gesucht werden, sind akzeptierter als Inhalte, die einen finden.** Insofern ist Content Marketing also ein Bindemittel zwischen Sender und Empfänger – und das idealerweise konsequent und schon lange bevor der Vertrieb das erste Mal Kontakt mit einer Person oder einem Buying Center eines Unternehmens hatte.

Inhalte in den Fokus setzen
Der Content Divide trennt Unternehmen, die inhaltsgetriebene, dynamische Kommunikation betreiben, von jenen,

die sich dafür entschieden haben, bloß auf Produktkommunikation, auf Werbung, auf Sales-Geschick zu setzen. Dabei hat sich allerdings mittlerweile in den Unternehmenszentralen durchaus die Erkenntnis durchgesetzt, dass Inhalte eine zentrale Rolle spielen können – und Content Marketing zum wichtigen Markenträger über den gesamten Funnel (dt. Trichter) hinweg wird. Genau so ist Content Marketing übrigens auch ein Erkenntnispool für Unternehmen: Wer es richtig macht, versteht mit jedem Text, mit jedem Tweet, mit jedem Whitepaper die tatsächlichen Informationsbedürfnisse der Zielgruppen besser und kann seine Content-Strategie immer wieder neu kalibrieren. Insofern bietet diese Marketingdisziplin auch ein lang hörbares Echo des Gegenübers im Markt.

Strategie entwickeln

Eine gut durchdachte Content-Strategie ist letztlich unerlässlich, um entlang der gesamten Customer Journey ein entsprechendes Momentum zu gewährleisten und damit Kommunikationsziele zu erreichen. Laut der Basisstudie Content Marketing des Content Marketing Forums und des Marktforschungsinstitutes Scion erfüllt Content Marketing in den allermeisten Fällen auch diese Erwartungen – und zwar auf vielen Ebenen:

⇨ 81 Prozent der Befragten gaben in der Studie an, dass die distribuierten Inhalte die Zielgruppen dazu anregen, über das Unternehmen nachzudenken.

⇨ 80 Prozent meinten, die Inhalte würden „positive Emotionen" auslösen.

⇨ 71 Prozent gaben an, dass Content Marketing die Zielgruppen dazu animieren würde, sich genauer mit dem jeweiligen Unternehmen „zu befassen".[5]

Bereicherung für alle
Content Marketing hat viele Definitionen und dementsprechend viele Dimensionen. Eine, die Erwartungen und Ziele wohl am besten umschreibt, ist jene des US-amerikanischen Content-Marketing-Vordenkers Joe Pulizzi: „Es geht darum, dass Menschen sich gegenseitig helfen und wertvolle Inhalte austauschen, die die Gemeinschaft bereichern und das Unternehmen als führend in seinem Bereich positionieren."[6] Die Voraussetzungen, diese Ziele zu erreichen, sind für Unternehmen besser denn je und die Rolle und Verantwortung von Unternehmen, das sich öffnende Vakuum in der Medienlandschaft für sich zu nutzen, war niemals größer.

Ihr Unternehmen muss den digitalen Medienwandel jetzt bewältigen. Diese Veränderung ist dramatisch, seit der Begriff „Content Marketing" bei einer Diskussion unter Zeitungsredakteuren im Jahr 1996 erstmals gebraucht wurde – damals freilich mit einem anderen Sinn hinterlegt, als wir es heute verstehen.
- Traditionelle Medien verlieren immer mehr an Deutungsmacht über die Zeitläufte und noch dazu ihre Bedeutung als gesellschaftliches Bindemittel. Stattdessen sind wir Zeugen des Wandels einer Gesellschaft von Medienkonsumentinnen und -konsumenten zu einer Gesellschaft der Medienmacherinnen und -macher.

- Unternehmen können das entstehende Vakuum und die Fragmentierung der Informationsquellen für sich nutzen. Politik wie auch Medien haben an Vertrauen eingebüßt, Unternehmen dagegen an Vertrauen gewonnen – eine gute Basis für das Aufsetzen einer Content-Strategie.
- Content Marketing ist dazu prädestiniert, nutzwertige Informationen zielgerichtet zu distribuieren, und funktioniert als Bypass zwischen Unternehmen und Kundinnen und Kunden – der Umweg über traditionelle Medien und Kanäle ist nicht mehr notwendig. Und auch nicht mehr unbedingt zielführend.
- Eine Content-Strategie wirkt idealerweise auch nach innen, indem sie Silos zwischen unterschiedlichen Informationsbrokern im Unternehmen auflöst.

Welche Missverständnisse lauern bei der Content-Strategie?

Seite 24

Warum bedeuten viele Inhalte nicht gleichzeitig auch mehr Erfolg?

Seite 28

Welche Schritte sind für eine wirksame Content-Strategie nötig?

Seite 37

2. Content-Strategie & Message Control: Die richtigen Themen finden

Content Marketing hat in den Kommunikationsabteilungen von Unternehmen an Popularität gewonnen. Leider aber läuft Content Marketing dadurch auch Gefahr, für vieles zu stehen, was eben eindeutig nicht Content Marketing ist. Um eine wirksame Content-Strategie zu entwerfen, bedarf es daher zuerst einmal zweier Schritte: auszuschließen, dass man nicht durch einen falschen Fokus vom Weg abkommt, und sich anschließend der Tatsache bewusst zu werden, dass Content Marketing kein hübsches Add-on der Kommunikationsarbeit ist, sondern die möglicherweise gewohnte Organisationsform einer Kommunikationsabteilung ebenso verändern wird und muss wie die Perspektive auf die eigenen Inhalte und deren tatsächliche Relevanz.

2.1 Missverständnisse in der Content-Strategie

Content Marketing ist in den vergangenen Jahren zu einem Buzzword und Heilsversprechen für vieles geworden. Darin liegt auch eine große Gefahr für dieses so vielversprechende Instrument: dass es zum gedanklichen Beliebigkeitshybrid wird, einem Zwitterwesen aus Werbung, Marketing oder PR, das alles kann, und das womöglich sofort. Doch diese diffuse Erwartungshaltung kann dem Verständnis einer ganzheitlichen Content-Strategie schaden. Deshalb mag es sinnvoll sein, zuerst nicht das Bild zu betrachten, das Content Marketing darstellt, sondern ein Negativ dieses Bildes: die wichtigsten Missverständnisse, die sich um den Begriff und die Praxis ranken.

Ist Content Marketing Werbung?
Nie war Werbung so wirkungslos wie heute. Und nie wird sie wirkungsvoller sein als heute. Das passt nicht zusammen? Doch. Das passt zusammen. Wir müssen uns bloß kurz verdeutlichen, wie unser Alltag mittlerweile immer mehr eingewoben wird in ein Geflecht an Werbebotschaften, die uns auf Schritt und Tritt begegnen – und wie dieses Geflecht sich in den letzten Jahrzehnten verdichtet hat.

Inflation der Botschaften
Bevor sich TV-Privatsender etablierten, wurden Konsumentinnen und Konsumenten täglich mit rund 650 bis 850 Werbebotschaften konfrontiert. Zur Jahrtausendwende

waren es dann schon 2.000 bis 3.000, heute sind es – auch wegen immer raffinierterer Online-Werbung – schon mehr als 10.000 werbliche Messages, die täglich auf uns einprasseln.[7] Der Mensch schützt sich vor dieser Flut, indem er sie zunehmend ignoriert.

> Betrachten wir einmal die traurige Aufmerksamkeitskarriere eines gewöhnlichen Banners: Am 27. Oktober 1994 erschien der erste Werbebanner auf der Website von wired.com. Geschaltet wurde er vom US-amerikanischen Telefonriesen AT&T und erreichte damals eine Klickrate von traumhaften 44 Prozent. Heute erreichen solche Display Ads eine durchschnittliche Click-Through-Rate von gerade einmal rund 0,46 Prozent.[8]

Was Content-Strategie nun also versucht, ist ein gedanklicher Workaround rund um die Werbe-Fatigue der Konsumentinnen und Konsumenten. Statt versuchen zu wollen, mit möglichst lauter Werbung die psychologische Geräuschkulisse zu übertönen, setzt eine Content-Strategie auf einen gegenteiligen Effekt: das natürliche Streben des Menschen nach Wissen, nach Information und, ja, auch nach Problemlösung.

Content bietet Lösungen

Gerade im B2B-Bereich, wo es oft um Investitionen in Millionenhöhe geht, ist der Wunsch, die Entscheidung für eine Investition wohl abgewogen und eine möglichst breite Grundlage für diese Entscheidung genutzt zu haben, enorm. Genau hier setzt Content Marketing an: mit relevanten Informationen ein Problem des Kunden oder der Kundin identifiziert zu haben und – meist jedenfalls – einen Lösungsweg zu skizzieren.

Dreht sich eine Content-Strategie immer ums Unternehmen?
Nein. Wenn uns die Entwicklung der Kommunikation in den letzten Jahren eines gezeigt hat, dann ist es die zunehmende Bedeutungslosigkeit von sogenanntem Ego Content: Inhalten also, in denen es ausschließlich um die Entwicklung des eigenen Unternehmens geht – mit Ausnahme sehr großer Player, deren Gedeih oder Verderb tatsächlich gesamtwirtschaftliche oder gesamtgesellschaftliche Auswirkungen haben kann. Ob Ihr Unternehmen einen oder eine neue Geschäftsführer:in oder ein neues Büro bezogen hat, ist – auch hier mag es Ausnahmen geben – erst einmal keine Hilfe für Investitionsentscheider:innen – und ein neuer Name an der Tür des Chefbüros macht Ihr Unternehmen auch in keiner Weise einzigartiger, als es vielleicht ohnehin schon war. Solche „Brot-und-Butter-Kommunikation" mag essenziell sein für Pressearbeit, im Content Marketing aber ist sie verzichtbar.

Perspektivwechsel
Eine fundamentale Content-Strategie erfordert von Unternehmen, die natürlich vorhandene egozentrische Perspektive auf ein Thema zu wechseln und weniger als Unternehmen zu agieren, das es auf den Absatz seiner Produkte abgesehen hat, sondern vielmehr als Herausgeber, der nach Verbreitung von Information trachtet. Nicht immer ist dieser Rollenwechsel einfach und nicht immer sind diese Rol-

len scharf voneinander abgegrenzt – und gleichzeitig bedingen beide einander.

Ohne Content kein Marketing
Über die gesamte Customer Journey – von Awareness (Bewusstsein für ein Problem wecken) über Consideration (eine Lösung erwägen) bis hin zum Purchase (die Kaufphase) – wird, so viel steht immerhin fest, Content zum Fundament des Marketings. Unter anderem deshalb, weil erst stimmiger Content das Marketing zum Produkt per se macht, zum Informationsprodukt. Wer dagegen glitzernde Botschaften über das eigene Unternehmen verbreiten möchte, ohne den Kern des Nutzens für seine Zielgruppen herausarbeiten zu können, der wird sich wohl mit einer Reaktion der Zielgruppe konfrontiert sehen, die einst schon Johann Wolfgang von Goethe so formulierte: „Man merkt die Absicht und ist verstimmt."

Ist nur Content, der Leads bringt, guter Content?
Jede erfolgreiche Content-Strategie basiert auf der Balance zwischen Ungated (frei zugängliche Inhalte) und Gated Content – etwa Whitepaper, Ratgeber, Newsletter oder anderen Assets, für deren Nutzung die Userinnen und User ihre Daten zur Verfügung stellen müssen.

Wenn frei zugängliche Inhalte und solche, für deren Nutzung man dem User eine Datenweitergabe zumutet, einander nicht die Waage halten, bringt dies die Content-Architektur ins Wanken:

- Erstens wird dadurch vermittelt, dass dem Unternehmen bloß am Abschöpfen von Daten gelegen ist.
- Und zweitens wird ein Content Hub, der bloß über geschützte Inhalte verfügt, eher keine Reichweite aufbauen können – ganz abgesehen von den Potenzialen, die Ungated Content für den Aufbau von Brand Awareness bietet.
- Dazu kommt, dass Gated Content von den Nutzerinnen und Nutzern als extrem wertig empfunden werden sollte und die Frustrationsschwelle bei eher mediokren Inhalten entsprechend niedrig sein wird.

Je mehr Inhalte, desto mehr Erfolg?

Eben nicht. Wenn es ein Gut auf dieser Welt gibt, an dem es nicht mangelt, dann sind es Inhalte. Zur Verdeutlichung: Pro Sekunde werden 6.000 Tweets versendet. Das Match um Sichtbarkeit haben Sie also verloren, wenn Sie daraus ein Match um die Masse machen wollen.[9]

Der US-amerikanische Marketing-Experte Mark Schaefer hat das Ungleichgewicht zwischen den zeitlichen Ressourcen, Content zu konsumieren, und dem Angebot an Inhalten schon im Jahre 2014 den „Content Shock" genannt. Schaefer macht mit seiner Theorie vom Content Shock eine Gleichung auf, die sich in den Jahren seither immer mehr zu Ungunsten von Content-Produzenten neigt: „Nehmen wir einmal an, dass meine Zeit mit 100 US-Dollar pro Stunde bewertet wird. Mit fünf Stunden für die Erstellung von Inhalten im Jahr 2009 ‚bezahlte' ich meinen Lesern also 500 US-Dollar in Form meiner Zeit, damit sie meine Inhalte jede Woche konsumieren. Der Wert, den ich im Gegenzug durch neue

Geschäftsverbindungen erhielt, überstieg diese Investition bei Weitem, sodass dies wirtschaftlich sinnvoll war"[10], schreibt Schaefer über die Bilanz seiner Content-Produktion.

Inhalte als geistige Aktien

Damals haben Unternehmen noch Energy Drinks hergestellt und keine Medienimperien aufgebaut, um Energy Drinks zu verkaufen. Und Twitter gab es auch noch nicht. Die Folge: Die zeitlichen Ressourcen, die Menschen aufwenden können, um Inhalte zu konsumieren, wachsen bei Weitem nicht so rasch wie die Menge der Inhalte. Mit jedem neuen Inhalt also, der irgendwo auf dieser Welt entsteht, wird dieser Inhalt in der Produktion teurer und alle anderen Inhalte zum gleichen Thema werden im Ergebnis wirkungsloser. Inhalte sind geistige Aktien. Daraus müssen wir zwei Schlüsse ziehen: Je länger sich Inhalte in den Suchergebnissen von Google weit vorne halten können und – natürlich mit Einschränkungen – je schärfer der Scheinwerfer auf ein spezifisches Thema gerichtet ist, desto günstiger ist deren Produktion im Vergleich zum Ergebnis. Reichweite braucht als Bezugsgrößen immer eine Zielgruppe, deren Pain Points und die zeitliche Entwicklungsperspektive eines solchen Inhalts.

Je mehr Kanäle, desto besser?

Die Verlockung ist groß. Praktisch kostenlos haben Unternehmen heute die Möglichkeit, ihre Inhalte auf Dutzenden von Plattformen zu distribuieren. Die großen Social-Media-Anbieter, spezifische Branchen-Blogs, Presseportale: Sie alle bieten Reichweite, Klicks, Zielgruppen. Sie sind die Supermärkte der Content-Distribution. Tatsächlich aber ist dieser Supermarkt auch einer mit vielen leeren Regalen, voll von Social-Media-Auftritten von Unternehmen, die schon längst nicht mehr betreut und aufgegeben wurden.

Vier Aspekte sind relevant

Der Einsatz von Social Media hat sich nicht nach der möglichst hohen Durchdringung vieler Plattformen zu richten, sondern im Wesentlichen nach vier Faktoren:

1. den **Nutzungsgewohnheiten** der gemeinten Zielgruppen oder Personas
2. dem Wissen um die **Relevanz und Tauglichkeit diverser Kanäle** für die unterschiedlichen Stationen der Customer Journey
3. den **Ressourcen**
4. dem langfristigen **Kommunikationsziel**

Geschichte gut, Ziel erreicht?

Eine einzelne Story, ein einzelner Post auf einer sozialen Plattform ist in den seltensten Fällen zielrelevant. Content Marketing ist immer als Orchester zu begreifen, dessen gesamter Klangkörper eine Symphonie erst zu einem vertrauten oder erfüllenden Hörerlebnis für das Publikum macht. So banal es klingen mag: Content Marketing ist ein holistisches Konstrukt, in dem viele Formate, viele Faktoren und deren Gesamtwirkung erst eine Einschätzung über Erfolg oder Misserfolg erlauben.

> In Anton Bruckners 7. Symphonie kommt, um im Sprachbild des Orchesters zu bleiben, ausgerechnet der Triangel große Bedeutung zu. Sie ist sogar prägend für das Stück. Ohne Triangel würde die Symphonie vielleicht nicht erkennbar sein, der Ton einer Triangel alleine wird aber umgekehrt kaum an Bruckners 7. Symphonie erinnern.

So ist es auch mit Content Marketing. Eine Story alleine ist nur so gut, wie sie ins Gesamtkonzept passt und dessen ursprünglich intendiertes Ziel verstärkt. Deshalb ist es wichtig, jede Story auf ihre Passgenauigkeit im Content Mission Statement (siehe Kapitel 3.2) oder ihre verdichtende Wirkung für eine bestimmte Themensäule zu überprüfen. Eine gut gelungene Story ist eine gut gelungene Story. Mehr nicht. Ihr Beitrag zur jeweiligen Content-Strategie ist aber das, was eigentlich zählt.

Nur was nützt, nützt auch was?

Manchmal tendiert Content Marketing zu einer sehr momenthaften Analyse der Informationsbedürfnisse der Userinnen und User. Wir gehen oft davon aus, dass Menschen gerade jetzt die Lösung für ein Problem suchen, und für dieses Problem präsentieren wir entsprechende Optionen. Man nennt solche Inhalte, die unmittelbar Lösungswege aufzeigen, taktischen Content. Das ist auch legitim, deckt aber nur einen Teil des möglichen inhaltlichen Spektrums ab.

Strategisch oder taktisch

Denn daneben gibt es auch Inhalte, die sich eben nicht unbedingt an Menschen mit einer konkreten Herausforderung und einem Lösungsbedürfnis richten, sondern solche, die eher strategischer Natur sind und sich vornehmlich an Entscheidungsträger in Unternehmen richten, die ihre Rolle auch eher als strategische Player begreifen. Man könnte das To-think-Content nennen: weniger dafür gedacht, Macherinnen und Machern in Unternehmen das Tagesgeschäft zu erleichtern, als vielmehr Entscheiderinnen und Entscheidern langfristigen Wert zu vermitteln.

Taktischer Content ist hervorragend geeignet, um etwa über entsprechende SEO-Maßnahmen das eigene Google-Ranking zu verbessern und die Customer Journey zu unterstützen. Strategischer Content dagegen wird kaum Leads bringen und damit den Vertrieb entzücken, hat aber eine ausgesprochen wichtige Funktion, etwa für das eigene Brand Building, weil er langfristig Werte und Positionen auch an Out Market Buyers vermittelt. Gerade bei strategischem Content ist auch die emotionale Komponente von Bedeutung. Schließlich können Inhalte auch die Aufgabe wahrnehmen, langfristig emotionaler Erinnerungsanker für eine Marke zu sein und auf diese Weise Menschen zu erreichen, die vielleicht noch nicht in der Position sind, unmittelbar Entscheidungen für eine Investition zu treffen. Gerade dieses Kalkül gewinnt zunehmend mehr an Bedeutung in einer Zeit, in der Menschen immer öfter den Job, das Unternehmen oder gar die Branche wechseln.

Ist Content ausschließlich vertriebsunterstützend?

Content-Strategien flattern in der Vorstellung mancher einer Fahne gleich zwischen bloß vertriebsunterstützender Maßnahme und schöngeistiger Orchideendisziplin. Dabei kann Content Marketing gerade seine vertriebsunterstützende Funktion umso schlechter erfüllen, je vertriebsunterstützender sie nach außen scheint.

Gerade wenn Unternehmen noch nie mit Content Marketing zu tun hatten, sind sie eher geneigt, eine Abkürzung nehmen zu wollen, sich etwa gar nicht erst mit allen Phasen der Customer Journey zu beschäftigen: am besten gleich Content produzieren, der direkt oder zumindest indirekt Leads bringt. Doch Inhalte müssen ihre Wirkung entfalten. Und Garant für diese Wirkung ist nur ein solides thematisches Fundament.

Keine Phase überspringen
Eine Content-Strategie funktioniert nicht anders als zwischenmenschliche Beziehungen:

Es wird Interesse geweckt,
⇩
es wird Vertrauen aufgebaut,
⇩
es werden Bündnisse geschmiedet oder
auch ein Bund geschlossen.

In dieser Reihenfolge. Nicht umgekehrt. Sich nur auf die Phasen unmittelbar vor Purchase oder auf die Purchase-Station in der Customer Journey selbst zu konzentrieren, ist ein bisschen wie die arrangierten Ehen der Hocharistokratie im vorletzten Jahrhundert – und was daraus geworden ist, ist ja hinlänglich bekannt.

Sie erinnern sich an unser eingangs erwähntes Problem: Content flattert in der Vorstellung mancher Kunden zwischen harter Vertriebsmaßnahme und Orchideendisziplin. Die Wahrheit ist: Genau das muss er auch, um zu funktionieren.

Geht es im Content Marketing vor allem um unsere Produkte? Es ist ein Missverständnis und es stimmt dennoch. Wie das? Eine Content-Marketing-Strategie kann viele verschiedene Ziele haben:
- Markenbekanntheit,
- Kundengewinnung,
- Talentgewinnung,
- Markenloyalität
- und vieles mehr.

Meist ist es eine Mischung aus verschiedenen Zielen, doch sind es zu viele oder ist keines der Ziele prioritärer als die anderen, kommt es leicht zu einer Verwässerung der Strategie. Damit geht oft auch der Reflex einher, sich verstärkt produktnahen Themen hinzuwenden. Schließlich braucht es gerade dafür oft vergleichsweise wenig Recherche. Es gibt genügend Unterstützung im eigenen Haus und der Vertrieb wird vermutlich erst einmal zufrieden sein.

Doch die ausschließliche Konzentration auf Produkte birgt oft die Gefahr, dass sich der Nutzwert von Inhalten allein aus der Beschäftigung mit dem Produkt ergibt. Inhalte werden dann zu Werbung in Prosa. Wenn Content Marketing also letztlich – oft auch mühsame – Beziehungspflege ist, dann ist die Obsession mit den eigenen Produkten zuweilen ein Hindernis beim Bestreben, den Blick auf die Bedürfnisse der Kundschaft zu schärfen.

Ist Content Marketing nur Text?

Es ist ein wenig widersinnig. Das Wort „Content" vermittelt uns intuitiv, dass es bei Inhalten vor allem um das geschriebene Wort geht. Dabei ist das geschriebene Wort eigentlich ein nicht allzu effektives Instrument, um unser Gehirn zu stimulieren und uns zu helfen, Daten, Fakten und Zusammenhänge schnell zu begreifen. Tatsächlich erinnern wir uns an Bilder wesentlich länger als an Worte. Wir können visuelle Reize tausendfach schneller aufnehmen als Buchstaben. Die Wissenschaft nennt das den „Picture Superiority Effect"[11]. Forscher haben nämlich festgestellt, dass wir Informationen, die als Text und Bild aufbereitet sind, wesentlich besser erinnern als Informationen, die wir nur als Text oder als Audio isoliert erhalten. Das macht etwa Infografiken zu einem sehr wesentlichen Format im Content Marketing. Sie sind oft ein Katalysator für das rasche Verständnis von Inhalten. Das bedeutet aber auch, dass die Vermittlung komplexer Sachverhalte über visuelle Mittel eine entscheidende Abkürzung ins Bewusstsein der Zielgruppe ist.

Bringt Content Marketing sofort Ergebnisse?

Wir wissen nun schon: Content Marketing ist Beziehungspflege. Und zur Beziehungspflege gehört – das ist nicht anders als im privaten Bereich – auch das Bemühen, das Gegenüber besser zu verstehen und auf dessen Bedürfnisse zu reagieren. Content Marketing setzt außerdem voraus, dass wir ein inhaltliches Portfolio aufbauen, mit dem wir erstens unsere Präsenz in Suchmaschinen etablieren, zweitens aber vor allem unsere Zielgruppe über sämtliche Stationen der Customer Journey begleiten können. Beides benötigt Zeit. Beides benötigt auch die eine oder andere Adaptierung und Optimierung. Erwarten Sie also keine raschen Ergebnisse, denn rasche Ergebnisse sind nicht zuletzt oft das Gegenteil von nachhaltigen Ergebnissen.

Die größte Gefahr für eine effektive Content-Strategie ist, sie auf den Gewissheiten einer Marketingwelt aufzubauen, die längst versunken ist. Nein, Content Marketing ist nicht eine scheinbar moderne Form von Werbung, bei der die eigenen Produkte oder das eigene Unternehmen im Zentrum stehen. Und es kommt auch nicht immer auf Leads an. Und schon gar nicht darauf, möglichst viele Menschen zu erreichen. Genauso wenig gibt es eine zwingende Kausalität zwischen Content-Menge und ROI. Eine gute Content-Strategie gründet auf den Bedürfnissen der zu erreichenden Menschen entlang der Customer Journey und darauf, diese Bedürfnisse richtig zu deuten und in einen Content-Fahrplan zu übersetzen.

2.2 In 7 Schritten zur erfolgreichen Content-Strategie

Content Marketing, eingebettet in eine langfristige Strategie, bedeutet eine Transformation sämtlicher kommunikativer Prozesse. Die strategische Planung, Produktion und Distribution von Inhalten erfordern vor allem eines: die Synchronisierung vieler Abteilungen und die Einbindung vieler Stakeholder in einem Unternehmen. Content Marketing ist eine Klammerdisziplin.[12] So wie eine aussichtsreiche Content-Strategie die Einbindung vieler Abteilungen und Disziplinen braucht, so benötigt sie auch eine holistische Betrachtung und Analyse bisher geleisteter Kommunikationsarbeit und der vorhandenen Content Assets.

Bevor also überhaupt die Strategie ausgearbeitet werden und an Touchpoints, Inhalte und Kanäle gedacht werden kann, müssen im Unternehmen einige wichtige Voraussetzungen geschaffen werden. Bedenken Sie: Die Etablierung einer Content-Strategie ist immer auch ein Change-Projekt.

Schritt 1: Etablieren Sie eine Content-Kultur

Unternehmen, die sich mit Content Marketing beschäftigen und eine entsprechende Strategie aufsetzen, müssen sich zuerst über eines im Klaren sein: Content Marketing wird die gesamtheitliche Erfahrung Ihrer Kundinnen und Kunden mit Ihrem Unternehmen, Ihrer Marke fundamental verändern. Es wird auch die Beziehungen zu Ihren Kundinnen und Kunden verändern. Mit nutzwertigen Inhalten schließen Sie die Lücke zwischen Marketing und Sales, finden neue

Zugänge zu Ihrer Kundschaft und bieten ihr eine ganzheitliche Erfahrung. Eine Content-Strategie wird nicht nur die Beziehungen zu Ihren Kundinnen und Kunden verändern, sondern auch jene zu Ihren Lieferanten oder Partnern und natürlich die Binnenbeziehungen in Ihrem Unternehmen.

> Augenscheinlich wurde dies etwa bei der Zentrale der Hotelkette Marriott in Bethesda, Maryland, USA. Gleich in der Lobby hat das Unternehmen einen von Glaswänden eingegrenzten Bereich eingerichtet. Das ist der Kontrollraum der Kommunikations- und Marketingabteilung. Hier sehen die Mitarbeitenden, die tagein, tagaus die Lobby des Firmengebäudes betreten, welcher Content auf den unterschiedlichen Kanälen der Hotelkette produziert wird.[13]

Die Arbeit der Content-Profis wird also für alle im Unternehmen sofort sichtbar. Dies ist eine gute Taktik, um die Akzeptanz von Mitarbeiterinnen und Mitarbeitern zu erhöhen, die vielleicht nicht unmittelbar mit Marketing, Sales oder Kommunikation zu tun haben.

Die Führungsebene einbeziehen
Initiativen wie jene von Marriott erfordern aber nicht zuletzt wegen deren Kosten auch eines: die Rückendeckung des C-Levels, also der obersten Unternehmensebene. Sie muss die zu etablierende Content-Kultur im Unternehmen sowohl nach innen rechtfertigen und stützen wie auch nach außen kommunizieren. Um das tun zu können, muss das C-Level vor allem über die wesentlichen Ziele, die KPIs, informiert sein, ohne sich in Details verlieren zu müssen.

Aus all diesen Erkenntnissen abgeleitet ergibt sich also eine zentrale Aufgabe für Sie, wenn Ihre Content-Strategie nicht schon gleich am Beginn an Akzeptanzhürden innerhalb des Unternehmens straucheln soll: Machen Sie sowohl den Mitarbeitenden im Unternehmen wie auch dem Management das fundamentale Change-Potenzial eines Content-Marketing-Ansatzes klar. Kommunizieren Sie offen die Ziele, die damit erreicht werden sollen. Und planen Sie ein, jederzeit transparent über Ihr Tun informieren zu können.

Schritt 2: Binden Sie wesentliche Abteilungen ein
Natürlich müssen Sie nicht alle Mitarbeitenden Ihres Unternehmens gleichermaßen über Ihre Pläne informieren oder die gesamte Kollegenschaft involvieren. Dennoch: Content Marketing ist eine Schnittstellen-Disziplin. Und sie dockt an vielen Funktionen und Rollen im Unternehmen an: Marketing und Sales, die Pressestelle sowieso, aber auch HR, IT, Customer Support, eventuell Rechtsabteilung und ganz bestimmt die Geschäftsführung. Zumindest Marketing, Presse und Sales werden in der Ausführung Ihrer Content-Strategie die Kernfunktionen erfüllen müssen. Die Koordination dieser drei Kern-Abteilungen muss am Beginn jeder Content-Strategie stehen, denn jede dieser drei Abteilungen wird ihre eigene, einzigartige Perspektive einbringen.

Die Kunden entscheiden fortan
Content Marketing wird zumindest vordergründig zu einer Bedeutungsverschiebung der einzelnen Abteilungen führen. Vieles, was bisher zentrale Aufgabe des Vertriebs war, kann durch Content Marketing zumindest ergänzt werden. Einiges, was davor als Pressearbeit lief, wird ebenfalls durch

Inhalte substituiert werden, die sich direkt an die einzelnen Informationsbedarfsgruppen richten.

Besonders für den Vertrieb ist die Umstellung ein Kulturbruch. Der Kunde ist es, der bestimmt, wann er mit welchen Inhalten und auf welchen Kanälen konfrontiert werden möchte. Und oft hat er sich schon seine Meinung gebildet, bevor er auch nur ein einziges Mal das Unternehmen kontaktiert hat. Wir haben es also insgesamt mit einer Selbstermächtigung der Kundschaft zu tun, einer ökonomischen Emanzipation, die dem Vertrieb beinahe zwangsläufig eine andere Rolle zuweist und einige frühe Stationen der Customer Journey für ihn schwerer erreichbar macht. Doch die Tugenden des Vertriebs, seine beinahe historisch bedingte Sensibilität für die Bedürfnisse der Kundinnen und Kunden, stellen besonders beim Entwurf einer Content-Strategie einen hohen Mehrwert dar. Dem Vertrieb muss also signalisiert werden, dass die künftigen Inhalte wie Blogartikel, Whitepaper oder Case Studies auch auf die Vertriebsziele einzahlen und diese unterstützen.[14]

Schritt 3: Betrachten Sie Ihr bisheriges Tun

Auch wenn Sie sich bisher noch nicht mit Content Marketing beschäftigt haben, so haben Sie ganz bestimmt schon Inhalte produziert – vor allem auf Ihrer Website oder auch in Broschüren, Flugblättern, Katalogen, vielleicht einer Jubiläumsschrift. Zwar hat all das wenig mit dem ursächlichen Wesen und Ziel von Content Marketing zu tun, aber auch dieses „Erbe" ist wertvoll. Es ist ein wunderbarer Themenpool und dient auf den digitalen Kanälen als Performance-Check für bestimmte Themen und Inhalte.

Gemeinsame Bestandsaufnahme
Beginnen Sie Ihr Content Audit also damit, dass Sie alle für das Marketing Verantwortlichen in einem Raum versammeln. Lassen Sie zunächst die Anwesenden das Marketing-Material sichten. Und widmen Sie sich dann einer einzigen entscheidenden Frage: „Geht es bei den Inhalten, die Sie hier vor sich sehen, eher um die Informationsbedürfnisse unserer Kundinnen oder Kunden oder um uns, unsere Produkte, unser Unternehmen?" Auf diese Weise können Sie beginnen, zu segmentieren, welche der Themen eventuell für eine spätere Verarbeitung als Mehrwert-Inhalt geeignet sind und welche nicht. Solch ein erstes visuelles Content Audit hat aber auch noch einen anderen Zweck, wie der US-amerikanische Content-Marketing-Experte Joe Pulizzi in seinem Buch „Epic Content Marketing" schreibt: „Es gibt Ihnen ein gutes Gefühl dafür, welche Inhalte Sie entwickeln müssen, um Lücken in Ihrem Engagement-Zyklus zu schließen"[6], jene Phasen in der Kundenansprache also, die bisher kaum von Ihrer Kommunikation gestreift wurden.

Inventur und Erfolgsanalyse
Im eigentlichen – digitalen – Content Audit konzentrieren Sie sich dann darauf, eine Inventur Ihrer bisherigen Inhalte vorzunehmen und diese Inhalte letztlich auch auf ihren bisherigen Erfolg zu überprüfen. Dazu müssen Sie den einzelnen Content Assets entsprechende Eigenschaften zuweisen:

- eine ID,
- den Titel des Dokuments,
- die URL,
- den Typ des Dokuments, ob es sich also um ein PDF oder ein Word-Dokument oder Sonstiges handelt,
- sowie eine kurze Beschreibung, ob der Inhalt noch aktuell oder vielleicht schon veraltet, aber trotzdem noch online ist.

Gute Vorbereitung zahlt sich aus
Darüber hinaus geben Sie bei jedem der Dokumente auf Ihrer Liste die Anzahl der Zugriffe wie auch jene der Unique Visitors und idealerweise auch den Verlauf der Zugriffe seit Erscheinen an. So können Sie herausfinden, welche Inhalte tatsächlich attraktiv für Ihre Besucherinnen und Besucher sind, und mittels des Verlaufs eruieren, ob da vielleicht im Verborgenen ein gewisser thematischer Trend erkennbar ist.

Das alles klingt erst einmal nach einer Menge ziemlich wenig glamouröser Arbeit, einer Excel-Schinderei. Aber genau solche Vorbereitungsarbeiten sind es, die sich später auszahlen werden. Sie bilden das Fundament dafür, dass Ihre Content-Strategie von den richtigen Prämissen ausgeht.

Schritt 4: Definieren Sie, was Ihre Strategie überhaupt leisten soll
Content Marketing kann viele unterschiedliche Ziele erreichen, etwa die
- Stärkung der Markenidentität,
- Neukundengewinnung,

- Kundenbindung
- und vieles mehr.

In einem ersten Schritt ist es aber wichtig, die für Sie relevanten Ziele zu priorisieren und demzufolge auch Ihre thematische Ausrichtung zu bestimmen. Inhalte hoher Qualität für sämtliche Ziele gleich von Beginn an produzieren zu wollen, ist sehr ressourcenintensiv – und könnte im Laufe der Zeit dazu führen, dass die voneinander abgegrenzten Ziele immer mehr ineinanderfließen und die Inhalte an Beliebigkeit gewinnen – und damit an Nutzen verlieren.

Schritt 5: Erarbeiten Sie Ihre Personas gewissenhaft
Zugegeben – es ist mühsam. Und doch: Die Entwicklung möglichst authentischer Personas ist einer der definierenden Bestandteile Ihrer künftigen Content-Strategie. Personas bilden die Markt- und Meinungsforschung des Content Marketings. Sie sind schlicht unverzichtbar. Der Anspruch Ihres Publikums nämlich ist hoch. Und er wird mit jeder Google-Suche höher: „Mit dem sofortigen Zugriff auf unzählige von Fachleuten geprüfte Optionen setzen die Kunden neue Maßstäbe für Ihre Vertriebs- und Marketingteams: Sagen Sie mir, was ich wissen will, und helfen Sie mir, in jeder Phase meiner Kaufentscheidung die richtige Option zu finden, oder ich gehe woanders hin"[15], beschreibt Adele Revella in ihrem Standardwerk „Buyer Personas" die Erwartungshaltung.

Wer sind denn nun unsere Kund:innen?
Mit Personas können Sie die Bedürfnisse und täglichen beruflichen Herausforderungen Ihrer Zielgruppen in Steckbriefe fassen. Dazu gehört unbedingt, Interviews mit tatsächlichen Kundinnen und Kunden zu führen und auf diese Weise ideale Typen zu konstruieren. Bloß den Vertrieb zu fragen, kann eine Annäherung sein. Aber es dabei zu belassen und auf die Interviews zu verzichten, ist eigentlich nicht viel erkenntnisfördernder als ein Selbstgespräch.

Segmentieren Sie also zuerst gemeinsam mit Ihrem Vertrieb die zentralen Kundentypen. Ein Szenario: Sie verkaufen Marketing Automation Software. Machen Sie sich zuerst Gedanken über jene Positionen in den von Ihnen adressierten Unternehmen, die an der Kaufentscheidung beteiligt sind. In diesem Fall werden das die Mitarbeiterinnen und Mitarbeiter der Marketing-Abteilung sein. Außerdem die Leitung von Marketing und IT sowie die Geschäftsführung. Jedes Mitglied dieses Buying Centers hat andere Motive für den Wunsch, eine Marketing Automation Software einzuführen. Dies halbwegs präzise und realistisch zu ergründen, ist zentrales Ziel der Persona-Phase.

Wir werden in Kapitel 3 noch einmal detailliert auf die Erstellung der Buyer Personas eingehen.

Schritt 6: Definieren Sie Ihren thematischen Sweet Spot
Um den Sweet Spot, also jenes thematische Kraftfeld zu definieren, das Ihrer Content-Strategie den nötigen Rahmen gibt, empfehlen wir Ihnen, für jedes einzelne Content-Stück drei Faktoren mitzudenken:

- **Ziel** ⇨ Zahlt dieser Inhalt auf das von mir definierte Kommunikationsziel ein?
- **Wert** ⇨ Bietet dieser Inhalt Mehrwert für die Personas, an die ich mich wenden möchte?
- **Beweis** ⇨ Kann ich sicher sein, dass unser Unternehmen bei diesem Thema im Vergleich zum Mitbewerb weniger zu sagen hat?

In der Komplementärfläche der Ziel-Wert-Beweis-Matrix liegen jene Themen, die große Wirkung zu entfalten imstande sind. Dem Beweis-Faktor kommt dabei besondere Bedeutung zu. Wählen Sie den thematischen Ausschnitt immer so, dass Sie eine Unique Content Proposition anbieten können. Versuchen Sie also nach Möglichkeit, jene Themen zu identifizieren, bei denen Sie im Vergleich zum Mitbewerb eine entsprechende inhaltliche Tiefe erreichen können. Sie werden also sehr gezielt herausarbeiten müssen, welche Aspekte, welche Positionen, welche Informationsbedürfnisse noch nicht hinreichend von der Konkurrenz bearbeitet wurden. Diese Lücken in der Content-Strategie des Mitbewerbs zu identifizieren, ist mühsame Arbeit. Aber auch Arbeit, die sich lohnt. Wie so ein Sweet Spot Template aussehen kann, sehen Sie in Abbildung 2 auf Seite 63.

> Sie glauben, das ist gerade in Ihrem wirtschaftlichen Wirkungskreis, in Ihrer Branche schwierig? Ist es nicht. Ein Zeugnis dafür ablegen kann Marcus Sheridan, CEO von River Pools & Spa, einem Anbieter von Swimmingpools in Virginia und Maryland. Das Unternehmen kam im Zuge der Finanzkrise 2009 sozusagen ins Schwimmen, weil Swimmingpools damals nicht unbedingt ganz oben auf der Investitionsliste von US-amerikanischen Haushalten standen. Sheridan begann mit Content Marketing und schrieb

> in seinem Blog über alles, was man über Swimmingpools wissen muss – oder wissen sollte. Das Ergebnis: Sheridan reduzierte mit seiner Content-Offensive die Marketingkosten für sein Unternehmen und konnte den Umsatz gleichzeitig steigern. 2011, zwei Jahre nach der Krise, verkaufte River Pools & Spa mehr Schwimmbecken als jeder andere Anbieter in den USA.[16]

Das Beispiel zeigt: Sheridan konzentrierte sich auf seine Kern-Expertise, verwässerte seine Inhalte nicht und erfüllte mit jedem weiteren Content-Stück die Kompetenzvermutung seines Publikums. Und: Sheridan war konsequent in seinem nicht ganz uneigennützigen Wunsch, seinen Blog zur digitalen Autorität rund um Swimmingpool-Wissen aufzubauen.

Schritt 7: Fördern Sie Kreativität

Sie haben jetzt viel darüber gelesen, welche Rahmenbedingungen Sie schaffen sollten, um eine nachhaltige Content-Strategie aufzusetzen. Doch achten Sie bei all den evidenzbasierten Handlungsempfehlungen darauf, nicht die Kreativität Ihres Teams zu beschneiden. Content Marketing ist eine Disziplin, die ihre Kraft auch aus dem Experiment holt – etwa bei der Auswahl der Content-Formate. Überlegen Sie also auch mit Blick auf die Vorgehensweise Ihres Mitbewerbs, welche Formate, welche Dialogformen, welche visuelle Ausgestaltung Ihrer Inhalte Ihnen die Chance geben, aufzufallen. Eine gute Chance auf Unverwechselbarkeit bieten hier nicht nur die einzelnen Inhalte selbst, sondern auch deren userfreundliche Aufbereitung, ihre Darreichung und Komposition auf Ihren eigenen digitalen Kanälen.

Eine tragfähige und vor allem nachhaltige Content-Strategie **lebt auch davon**, sich zuerst einmal vieler Missverständnisse **und Irrtümer** rund um Content bewusst zu werden. Die **wichtigste Tugend** ist wohl, den Perspektivwechsel, geprägt **von bisherigen** Marketing-Methoden, zu schaffen: dass Content **Marketing** nicht Werbung ist, dass es nicht nur um Leads **gehen muss** und schon gar nicht ausschließlich ums eigene **Unternehmen.**

- Um eine erfolgreiche Content-Strategie aufzusetzen, müssen Sie erst einmal ein möglichst komplettes Bild Ihrer Organisation gewinnen, über die wesentlichen Abteilungen und deren Tun, über Prozesse und schon vorhandene Inhalte.
- Und Sie müssen eine Content-Kultur etablieren, die möglichst transparent macht, wozu denn Content Marketing überhaupt nötig und was es zu leisten imstande ist.
- Erst dann sollten Sie sich auf die konkrete Realisierung Ihrer Strategie konzentrieren: auf die Frage nach den Zielen, auf Personas und thematische Sweet Spots.

Wie konstruieren Sie die richtigen Personas?

Seite 53

Wie können Sie den Sweet Spot Ihrer Themen ermitteln?

Seite 61

Welche Content-Formate gibt es?

Seite 67

3. Content-Formate & Themen: Wie Inhalte erfolgreich werden

Eine wirksame Content-Strategie aufzubauen, ist nicht nur eine Frage von Handwerk, Software-Tools oder einem geschärften Blick fürs Storytelling. Es ist vor allem der Versuch, die Perspektive auf das eigene Unternehmen zu ändern und sich darüber hinaus bewusst zu sein, dass Ihre Inhalte wie Ihre Produkte sind – mit Produktionskosten, Aufwänden und einer Funktion. Wer Ihre Botschaften empfängt, ist nicht nur Leserin oder Leser, sondern eine Person, die Ihr Produkt konkret anwenden könnte.

Auf Story-Ebene müssen Inhalte immer für sich betrachtet für den User oder die Userin funktionieren. Sie müssen Nutzwert bieten oder Perspektive. Und manchmal sollen sie vielleicht auch unterhalten. Auf strategischer Ebene wirken die Inhalte gemeinsam, um zu einem Kommunikationsziel beizutragen – ob Brand Building oder Leads oder vielleicht Kundenbindung. Beides bedingt einander.

Sich dieser beiden unterschiedlichen Wirkungsebenen bewusst zu sein, sie sich immer wieder zu vergegenwärtigen, wird gleichsam dafür sorgen, dass Ihre Inhalte unverwechselbar sind und auf Ihr spezifisches Kommunikationsziel einzahlen. Wenn Sie die Produkteigenschaften von Inhalten ins Zentrum Ihrer Überlegungen setzen, werden Sie wissen: „Die Investition von Zeit oder Geld in Content sind nicht als Ausgaben zu verstehen, sondern als Anlage."[17]

3.1 Die 4 Ps im Content Marketing

Wenn Sie Ihre Inhalte als Produkte denken, die schließlich an Menschen „verkauft" werden müssen, so haben Ihre Produkte genau die gleichen Herausforderungen zu bestehen wie jene, die Sie vielleicht in Ihren Fabrikhallen herstellen. Sie müssen nicht nur funktionieren, sondern auch für den Konsumenten oder die Konsumentin leicht zu erwerben sein. Sie müssen gegen die Konkurrenz bestehen und womöglich auch beworben werden.

Vermutlich kennen Sie **die 4 Ps des Marketing**:
(1) Product
(2) Price
(3) Place
(4) Promotion

Diese 4 Ps können Sie auch auf Ihre Inhalte anwenden.[14]

Product:
⇨ Wie muss Ihr Produkt, wie müssen Ihre Inhalte beschaffen sein, um bei Ihren Anwenderinnen, Ihren Anwendern zu verfangen?
⇨ Wo ist die Überschneidung von Thema und Zielgruppe am größten und die Verwechselbarkeit mit der Konkurrenz am kleinsten?

Price: Vermutlich werden Sie Ihre Unternehmensinhalte nicht bepreisen wie das Produkt, das gerade auf Ihrem Förderband zusammengebaut wird, aber für Ihre Anwenderin oder Ihren Anwender müssen Ihre Inhalte dennoch in einem günstigen Verhältnis von Wert und Preis liegen.

⇨ Was können Sie von Ihren Anwendern verlangen, um an Ihr Produkt, Ihren Inhalt zu kommen?

⇨ Ist der Inhalt so wertvoll, dass man ihn nur gegen Preisgabe vieler Nutzerdaten erhält oder man sich gar erst in ein Online-Meeting mit einem Sales Manager, einer Sales Managerin begeben muss?

⇨ Oder ist Ihr Inhalt vielleicht „billig" zu haben, einfach als Blog-Artikel oder Social Media Posting?

Place: Hier geht es um die Distribution und die Distributionshürden für Ihre Inhalte.

⇨ Wie also kann der Anwender, die Anwenderin, auf Ihre Inhalte zugreifen?

⇨ Wie leicht kann er sie finden?

⇨ Wo platzieren Sie Ihre Content-Stücke?

Promotion: Manchmal ist es nötig, flankierend auch Geld einzusetzen, um Inhalte zu promoten.

⇨ Welche Social-Media-Plattformen sind dazu geeignet?

⇨ Welche Nutzerinnen und Nutzer solcher Plattformen müssen Sie erreichen, um sie zu Anwenderinnen und Anwendern Ihrer Inhalte konvertieren zu können?

Die 4 Ps des Marketings – Product, Price, Place, Promotion – spielen bei der Konzeption Ihrer Content-Strategie eine wichtige Rolle. Denken Sie Ihre Inhalte per se daher erst mal als Produkt, das Sie verkaufen möchten.

3.2 Das Content Mission Statement

Das Content Mission Statement ist der Nukleus Ihres Produktversprechens, denn wie schon erwähnt, sind Inhalte letztlich Produkte. In diesem Statement formulieren Sie Antworten auf die folgenden Fragen:

⇨ **Für wen sind Ihre Informationen relevant?** Denken Sie an Ihre Persona-Steckbriefe und die charakteristischen Eigenschaften Ihrer Personas. Bedenken Sie: Es geht **nicht** darum, welche Produkte Sie verkaufen.

⇨ **Welche Inhalte können Ihre Leserinnen und Leser erwarten?** Welche Themen stehen im Zentrum Ihres Content-Plans? Bei welchen Themen sind Sie im Konkurrenzumfeld wirklich kompetent? Welche Content-Formate bieten Sie an? Gibt es regelmäßige Highlights?

⇨ **Was haben Ihre Leserinnen und Leser eigentlich vom Besuch Ihrer Content-Zentrale, Ihres Blogs?** Erklären Sie, wie die bereitgestellten Inhalte ganz konkret Ihren Lesern bei ihren beruflichen Herausforderungen helfen können.

Das Content Mission Statement soll sowohl Ihnen als auch Ihren Leserinnen und Lesern eine **gedankliche Navigation** sein – und für Sie außerdem eine stete Erinnerung daran, ob Sie die im Statement definierten Ziele mit Ihren Geschichten auch erreichen oder zumindest im Blick haben.

Ohne Content Mission Statement laufen Sie Gefahr, keinen grundlegenden Kompass für Ihr Content-Portfolio zur Verfügung zu haben. Ein solches Statement dient dazu, Ihr Versprechen an die Leserinnen und Leser festzuhalten und immer danach zu handeln.

3.3 Persona-Konstruktion im Content Marketing

Eine der wichtigsten Grundlagen zur Implementierung einer nachhaltigen Content-Strategie ist die Konstruktion von Buyer Personas. Sie sind Ihr gedankliches Stethoskop, um Ihr Publikum, seine Schmerzpunkte, seine Bedürfnisse, seine derzeitige Verfasstheit kennenzulernen. Marketing war lange Zeit eine Disziplin des Ungefähren, des Schätzens, des agilen Optimismus. Content Marketing aber ist dort besonders nutzlos, wo der Empfänger oder die Empfängerin keinen Nutzen für sich erkennen kann.

Lösungen müssen passgenau sein
Digitale Technologien geben uns heute die Möglichkeit, punktgenau jene Menschen erreichen zu können, die gerade jetzt nach einer Lösung für ein Problem suchen, theoretisch jedenfalls. Content Marketing heißt, von den Richtigen gefunden zu werden und nicht nach den Vielen zu suchen. Darin liegt auch die Weiterentwicklung vom bloß demografischen Zugang zu unserem Publikum. Dass ein Mensch ein bestimmtes Alter und einen Beruf hat, in einem Vorort im

Reihenhaus mit drei Kindern lebt, verdeutlicht uns noch lange nicht, welche Herausforderungen ihn gerade umtreiben und wie wir mit unserem Produkt oder unserer Dienstleistung diese Herausforderung lösen können.

Wir lernen also: Content Marketing ist erst einmal Motivforschung und Zuhören, dann erst Produzieren und Distribuieren.

Wahre Bedürfnisse ergründen

Wie wenig uns der demografische Ansatz hilft, mag die Geschichte des türkischen Haushaltsgeräte-Herstellers Beko verdeutlichen. 2014 wollte das Unternehmen einen Wäschetrockner für den chinesischen Markt launchen. Eigentlich sollte man annehmen, dass Konsumentinnen und Konsumenten auf dem gesamten Erdenrund von einem Wäschetrockner erwarten, dass er – genau: einfach Wäsche trocknet. Doch Beko hat zur Vorbereitung des Launches in China Interviews geführt und dabei durchaus Erstaunliches entdeckt: In China wird Wäsche gerne im Freien aufgehängt und mit der Kraft der Sonne getrocknet. Nicht unbedingt, weil es keine anderen technischen Möglichkeiten gäbe, sondern weil dem Vorgang des langsamen Trocknens in der frischen Luft beinahe eine spirituelle Komponente innewohnt. „Beko erfuhr insbesondere, dass die Menschen in einigen Teilen Chinas glauben, dass die Kleidung ein Teil der Seele eines Menschen ist. Nach dem Waschen muss die Kleidung dem Sonnenlicht ausgesetzt werden, um die Seele zurückzuholen"[18], schreibt der Marketing-Berater David Meerman Scott. Also erhielten die für den chinesischen Markt produzierten

Wäschetrockner eine Funktion, mit der die Wäsche ungefähr bei der Hälfte des Trocknens entnommen und dann eben erst in der Sonne fertig getrocknet werden konnte.

Buyer Persona als Kunden-Archetyp

Was uns das zeigt? Dass wir mit einem rein demografischen Ansatz niemals zu diesem Ergebnis gekommen wären. Das Wesen von Personas nämlich ist, Menschen gut zuzuhören, ihren Geschichten zu lauschen und daraus zu schließen, auf welcher Basis sie Kaufentscheidungen treffen. Erfunden hat sie der US-amerikanische Software-Entwickler Alan Cooper, der bei einem seiner Projekte einen damals radikal neuen Ansatz des Produktdesigns entwickelte.

Er wollte wissen, wie Software gestaltet sein müsste, damit sie User-Bedürfnisse erfüllt. Und nicht unbedingt, damit sie den Drang des Entwicklers nach einem technischen Schaulaufen erfüllt. Um die offensichtlich naturgegebene Eitelkeit des Entwicklers zu überwinden, erfand er gar eine imaginäre Userin: Kathy. Diese Kathy war der Archetyp der potenziellen Kundinnen und Kunden des neuen Softwareprodukts von Cooper. „Indem er über Kathy nachdachte, konnte Cooper spekulativ die Bedenken und Erwartungen der Benutzer seiner neuen Software projizieren und sich mental ihre Reaktionen auf die verschiedenen Möglichkeiten vorstellen, wie er die von ihm entwickelte Lösung gestalten könnte"[15], schreibt Adele Revella in ihrem Standardwerk *Buyer Personas* über Coopers Ziel.

Was wir mit Buyer Personas also erreichen möchten, ist eine Typisierung der Motive, Bedenken und Ziele unserer potenziellen Kunden bei der Evaluierung oder dem Kauf eines neuen Produkts. Damit spiegeln wir auch die neuen Machtverhältnisse. Die Kunden und Kundinnen entscheiden.

Personas: So wählen Sie die Befragten aus
Um Ihr Persona-System zu konstruieren, müssen Sie zunächst eine Auswahl jener Menschen treffen, die Sie befragen möchten. Dazu werden Sie höchstwahrscheinlich mit Ihrem Sales-Team zusammenarbeiten und dessen Kunden- und Marktexpertise nutzen.

Es sind vier Gruppen von Menschen, die für Persona-Interviews infrage kommen:
- Menschen, die Ihr Produkt oder Ihre Dienstleistung gekauft haben.
- Menschen, die Ihr Produkt oder Ihre Dienstleistung in Erwägung gezogen, sich aber dann doch für einen Konkurrenten entschieden haben.
- Menschen, die Ihr Unternehmen kontaktiert und nach einer Lösung gefragt haben, sich aber dann entschieden, weder bei Ihnen noch beim Mitbewerb zu kaufen.
- Menschen, die niemals Ihr Unternehmen in Erwägung gezogen und sich gleich für die Konkurrenz entschieden haben. Sie zu erreichen, wird vermutlich der schwierigste Teil der Recherchearbeit sein.

Die richtigen Personas finden
Wichtig ist, dass Sie bei der Auswahl der Interviewpartnerinnen und -partner auch die jeweilige Position hinterlegen und hier schon filtern. Es sollte besonders im B2B-Bereich

Ihr Buying Center repräsentiert sein, jene Menschen also, die üblicherweise bei der Entscheidung für eine Investition mitwirken und mit denen Ihr Sales-Team zumindest indirekt immer wieder konfrontiert ist. Es kommt nicht darauf an, möglichst viele Persona-Typen zu finden, sondern ausschließlich jene in Betracht zu ziehen, die wirklich Einfluss auf die Kaufentscheidung haben. Doch Vorsicht: Viele an der Entscheidung für ein Produkt beteiligte Menschen evaluieren ihre Optionen vor allem online auf Unternehmensblogs, auf Social-Media-Plattformen, vielleicht auch in Online-Medien. Diese Menschen wird etwa Ihr Sales-Team während der Verhandlungen womöglich nie zu Gesicht bekommen. Und dennoch sind sie ein wesentlicher Faktor bei der finalen Entscheidung. Deshalb kommt heute der Persona-Recherche eine große Bedeutung zu. Und deshalb zahlt es sich für Sie aus, Personas sauber zu recherchieren und nicht auf Interviews zu verzichten.

Personas: So interviewen Sie
Nachdem Sie nun entschieden haben, wen Sie für die Interviews auswählen, gilt es als Nächstes zu entscheiden, was Sie überhaupt herausfinden möchten, was also notwendig ist, um aus den später konstruierten Archetypen tatsächlich Entscheidungsmuster für eine Investition ableiten zu können. Dabei können Sie sich an jene Schablone halten, die im bereits erwähnten Buch *Buyer Personas* mit den „Five Rings of Buyer Insight"[15] gemeint ist:
- **Priority Initiative:** Hier versuchen Sie zu ergründen, was der Primär-Grund für die Überlegung eines Kunden oder

einer Kundin ist, sich mit einer künftigen Investition zu beschäftigen. Diese Frage ist von besonderer Bedeutung, denn sie wird später auch formgebend sein bei der Identifikation Ihres thematischen Sweet Spots.

- **Success Factors:** Dieser Themenkreis Ihrer Interviews wird sich darum drehen, was der Kunde oder die Kundin tatsächlich zu erreichen trachtet, wenn er oder sie sich mit einer möglichen Investition beschäftigt. Wenn Sie ein Produkt anbieten, das auch nur graduell komplexer als eine Wäscheklammer ist, wird es für Ihre Kundinnen und Kunden immer eine Entscheidungskaskade der zu erreichenden Ziele sein, die ausschlaggebend ist.

- **Perceived Barriers:** Barrieren oder Hinderungsgründe, die gegen eine Investitionsentscheidung sprechen, gibt es immer. Das kann etwa im Buying Center der für Finanzen zuständige Kollege sein, der sich gegen die Anschaffung einer neuen Maschine für die Produktion stemmt. Genau solche Barrieren zu orten, ist ebenfalls Teil von Persona-Interviews.

- **Buyer's Journey:** Hier geht's an die Grundlagen und Sie erfahren dezidierter, wo Ihre Interviewpartnerinnen und -partner tatsächlich recherchieren, wie der Entscheidungsbaum bis zur Vertragsunterschrift verästelt ist, wie das Buying Center zusammengesetzt ist und wer dort welche Rolle bei der Entscheidungsfindung spielt.

- **Decision Criteria:** Hier lernen Sie, worauf Kundinnen und Kunden bei ihrer Entscheidungsfindung am meisten Wert legen; ob etwa die kommunizierten Produkt-Features auch jene sind, die bei der jeweiligen Persona verfangen.

Nachdem Sie sich nun im Klaren darüber sind, was Sie eigentlich wissen möchten, starten Sie mit Ihren Persona-Interviews.

Wenn Sie die Interviews transkribiert haben, gilt es, Muster in den Antworten zu identifizieren und daraus die Personas zu segmentieren, mit denen Sie schließlich sehr lange arbeiten werden. Am besten bedienen Sie sich eines Excel-Sheets, um diese Segmentierung möglichst simpel abzubilden. Bauen Sie für jeden der fünf Themenkreise ein eigenes Excel-Sheet auf, das dann diese Inhalte haben kann:

Insight: Priority Initiative			
Zitat	Interviewpartner	Erkenntnis	Persona-Typus
"Die Geschäftsführung hat entschieden, in den asiatischen Markt expandieren zu wollen."	Charlotte	Markt-Erweiterung	Produktmanagerin
"Wir müssen unsere Produktionskapazitäten dringend erweitern."	Erich	Kapazitätsengpass	Produktionsleiter
"Unsere Maschinen sind einfach viel zu langsam, um mit der Nachfrage Schritt halten zu können."	Martha	Kapazitätsengpass	Werksleiterin

Abb. 1: So filtern Sie die Kernaussagen aus Ihren Persona-Interviews

Was sind die Key Messages?

Der Leitgedanke bei der Erstellung der Personas muss also sein, dass Sie die Persona-Steckbriefe danach segmentieren, wie sich die Pain Points Ihres Buying Centers, die Motive für eine Investition, die Erwartungen an das Produkt oder Barrieren für eine Investition auf die Storys auswirken, die wir dann produzieren möchten. Es geht also um möglichst große Unterscheidbarkeit der Key Messages und um die Konsequenzen für Ihre Themenarchitektur.

Die Key Messages bündeln Sie dann in den fünf erwähnten Themenkreisen von Priority Initiative bis Decision Criteria. Gehen wir davon aus, dass Sie selbstverständlich mehr Interviews geführt haben als in unserem Excel-Beispiel, dann haben Sie schon zwei Key Messages für den Themenkreis Priority Initiative identifiziert: Markt-Erweiterung und Kapazitätsengpässe.

Welche Typen gibt es?
Anschließend ordnen Sie die identifizierten Key Messages dem jeweiligen Typus zu. In unserem Beispiel könnten Sie etwa einen Persona-Steckbrief für den Persona-Typus Produktionsleiter bauen. Enthalten sein sollten zuerst einmal
- ✓ ein Name,
- ✓ die Position,
- ✓ ein Bild,
- ✓ das Alter,
- ✓ die Ausbildung.

Mehr Platz als diesen Informationen sollten Sie auf dem jeweiligen Steckbrief den Key Messages einräumen, gegliedert in unsere nun schon wohlbekannten Themenkreise:
- Priority Initiative
- Success Factors
- Perceived Barriers
- Buyer's Journey
- Decision Criteria

Tragen Sie hier die jeweiligen Key Messages in Stichworten oder auch sehr verdichteten Zitaten ein.

Wichtig: Der Persona-Steckbrief sollte jederzeit allen Content Creators in Ihrem Team sowie eventuell beauftragten Agenturen zur Verfügung stehen.

Die solide Recherche der tatsächlichen Pain Points Ihrer Anspruchsgruppen über Persona-Interviews ist eine der unverzichtbaren Grundlagen für Ihre Content-Strategie. Es kommt allerdings nicht darauf an, möglichst viele Personas zu entwerfen, sondern vor allem die Unterschiede bei den Pain Points herauszuarbeiten. Dies können Sie am besten, indem Sie sich an die „Five Rings of Buyer Insight" halten.

3.4 Den Sweet Spot finden

Sie haben nun ein Content Mission Statement erstellt. Und mit den Buyer Personas haben Sie identifiziert, für wen die Inhalte gedacht sind, die da künftig produziert werden. Nun folgt ein weiterer wichtiger Baustein für den Erfolg Ihrer Content-Strategie: der sogenannte Sweet Spot. Er beschreibt das thematische Spielfeld, in dem Sie sich mit jeder Geschichte sinnvollerweise bewegen.

Dem Sweet Spot kommt besondere Bedeutung zu, denn er soll, konsequent angewendet, Ihre Inhalte abgrenzen:
- von jenen der Konkurrenz,
- von Beliebigkeit,
- von Themen, die für niemanden Nutzwert bieten.

Joe Pulizzi beschreibt die Funktion des Sweet Spots in seinem Werk „Epic Content Marketing" so: „Ihr Sweet Spot ist der Schnittpunkt zwischen den Schmerzpunkten Ihrer Kunden und dem Punkt, an dem Sie mit Ihren Geschichten die größte Autorität haben."[6] Doch wie findet man diesen Schnittpunkt denn nun und wie leitet man ihn her? Wir haben ein Modell eines Sweet Spots entwickelt, das Ihnen die Identifikation Ihres Sweet Spots sehr einfach macht. Unser Modell funktioniert nach dem Prinzip Ziel – Wert – Beweis.

Ziel

⇨ Wie trägt die Story zu Ihrem Kommunikationsziel bei?

⇨ Trägt die Story überhaupt zu Ihrem vorab definierten Kommunikationsziel bei?

⇨ Oder ist sie bloß dazu da, etwa die Frequenz Ihrer Veröffentlichungen auf Pegel zu halten?

Wert

⇨ Hat die Story für die Persona, auf die Sie abzielen, einen Nutzwert?

⇨ Geht es wirklich darum, diesen zu vermitteln?

⇨ Oder ist der thematische Fokus vielleicht doch zu sehr auf das eigene Unternehmen gerichtet?

Beweis

⇨ Was macht Sie so sicher, dass Ihr Unternehmen bei diesem Thema tatsächlich signifikant mehr Know-how hat als Ihr Mitbewerb?

⇨ Wollen Sie wirklich für dieses Know-how stehen?

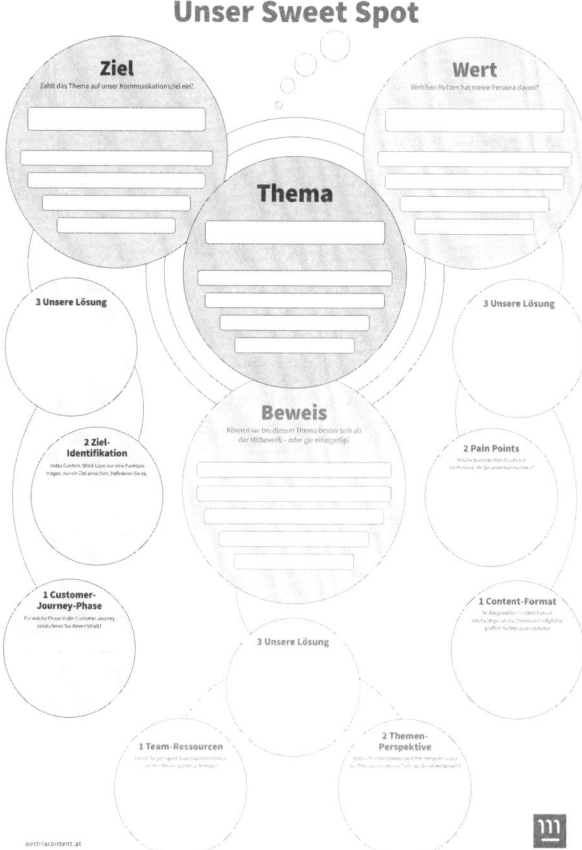

*Abb. 2: So finden Sie den Sweet Spot für Ihre Geschichten.
Download der Grafik unter austriacontent.at/blog/so-finden-sie-sicher-den-sweet-spot-fur-ihre-content-strategie*

3.4 Den Sweet Spot finden

Nun haben wir aber dieses von uns konstruierte Sweet-Spot-System mit einer weiteren Ebene verfeinert, die Ihnen helfen soll, überhaupt diese drei Faktoren identifizieren zu können – indem wir auch noch Sub Sweet Spots für jeden dieser drei Sweet Spots entwickelt haben. Wie die aussehen, sehen Sie ebenfalls in Abbildung 2 auf Seite 63.

Der Sweet Spot ist das thematische Fadenkreuz Ihrer Strategie. Er hilft Ihnen, jede einzelne Story so zu designen, dass sie Ihr Kommunikationsziel erreicht und auf die jeweilige Persona zugeschnitten ist. Auch wenn es etwas Zeit kostet: Nutzen Sie das Sweet-Spot-Modell für jedes große Content-Stück.

3.5 Die richtige Themenarchitektur für Ihre Inhalte

Wenn Sie unser Kapitel zu den Sweet Spots aufmerksam gelesen haben, wird Ihnen darin vielleicht das Wort Autorität aufgefallen sein. Autorität ist wahrscheinlich einer der Schlüsselbegriffe, der Ihre Content-Strategie begleiten wird. Denn die Autorität, mit der Sie von Ihren Leserinnen und Lesern wahrgenommen werden möchten, muss auch in der Organisation Ihres Contents gespiegelt werden. Eines der Modelle, die dafür gut geeignet sind, ist jenes der Topic Cluster.

Cluster-Struktur anlegen

Wenn Sie etwa einen Unternehmensblog betreiben, so wird Ihr Anspruch sein, Ihren Besucherinnen und Besuchern einen möglichst niederschwelligen Zugang zu Ihren Themen zu ermöglichen. Diese Themen sollten Sie semantisch miteinander verknüpft weiterspinnen, statt einfach nur isoliert ein Story-Silo nach dem anderen aufzubauen.

Eine Cluster-Struktur ist wie eine Mindmap aufgebaut. In der Mitte befindet sich das Kernthema, auch **Pillar Content** genannt. Dieses Kernstück umreißt Ihr Thema allgemein und durchaus generalistisch. Rund um dieses Kernthema sind Cluster-Storys platziert, die bestimmte Aspekte des Kernthemas vertiefen und sich inhaltlich schon mehr Ihren Produkten oder Dienstleistungen annähern, als es das Kernthema sollte.

> Um das System besser verstehen zu können, nehmen Sie ein großes Wochenmagazin zur Hand und sehen Sie sich die Titelgeschichte an. Da gibt es vermutlich die große Haupt-Story und dazu auf den einzelnen Seiten platzierte Kästen mit Interviews oder Tipps bzw. vertiefenden Aspekten, die in der Hauptstory inhaltliche Fremdkörper sein würden.

Lange Haltbarkeit

Ein Merkmal von Pillar Content ist, dass er meist lange haltbar ist. Soll heißen: Das Thema und die entsprechenden Keywords sind so gewählt, dass sie eine lange Auffindbarkeit in Suchmaschinen versprechen. Storys, die bloß ein aktuelles Ereignis beschreiben oder auf ein solches reagieren, sind dazu also nicht geeignet. Viel Arbeit, ein kurzer Peak bei den Zugriffen, aber ein ebenso rasches Abflachen – ein inhaltliches Strohfeuer also. Topic Cluster sind sowohl eine SEO-Maßnahme wie auch eine zur besseren Übersichtlichkeit Ihres Unternehmensblogs. Die Keyword-orientierte Verlinkung zeigt Suchmaschinen auch, dass Sie Autorität in dem Thema haben.

Beispiel eines Topic Clusters
Lassen Sie uns gemeinsam ein sehr simples Beispiel für einen solchen Cluster betrachten (siehe Abbildung 3 auf Seite 67). Angenommen, wir betreiben Content Marketing für ein Unternehmen, das eine Marketing Automation Software namens „Persona Wizard" auf den Markt gebracht hat. Wie würde also ein Topic Cluster aussehen, den wir auf unserer Website etablieren? In der Mitte haben wir das Kernthema, den Pillar Content, platziert. Er führt eher generalistisch in das Thema ein. Rundherum haben wir vier Cluster-Themen gruppiert, die über entsprechend gesetzte Hyperlinks mit dem Pillar verbunden sind, das Thema vertiefen und auch spätere Phasen der Entscheidungsfindung adressieren.

Um auch bei Suchmaschinen Autorität für ein bestimmtes Thema zu erlangen, empfiehlt es sich in vielen Fällen, Ihren Content nach dem Topic-Cluster-Modell aufzubauen: keine isolierten Geschichten, sondern miteinander verwobene und hierarchisch strukturierte Beiträge, die es auch den Userinnen und Usern ermöglichen, ein bestimmtes Thema in all seinen Dimensionen und seiner Tiefe zu erfassen.

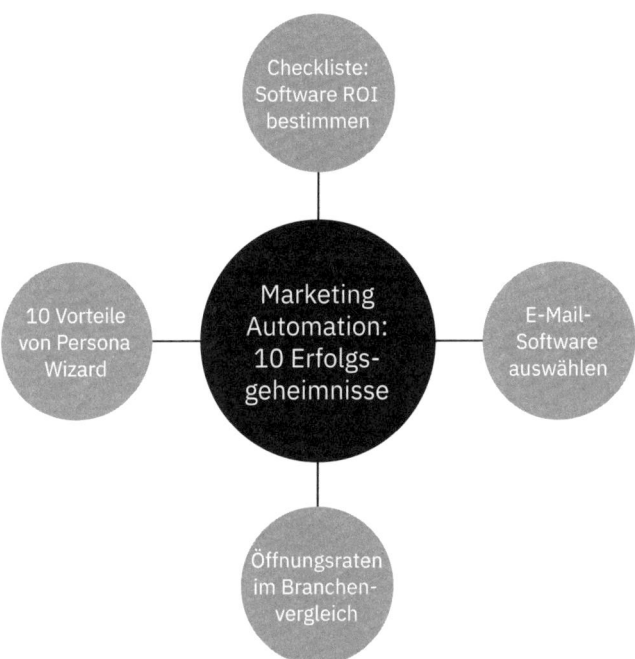

Abb. 3: Beispiel für ein Topic-Cluster-Modell

3.6 Wo welches Content-Format wie wirkt

Content-Formate tragen wesentlich zum Gelingen Ihrer Strategie bei, denn sie machen die Kundenreise an den unterschiedlichen Touchpoints erst zum Erlebnis. Viel Zeit,

Ihr Publikum zu überzeugen, haben Sie wahrscheinlich nicht: Laut einer Studie von Microsoft liegt die Aufmerksamkeitsspanne beim Konsum digitaler Inhalte mittlerweile bei durchschnittlich acht Sekunden und damit sogar um eine Sekunde kürzer als die Aufmerksamkeitsspanne eines Goldfisches.[19] Deshalb gilt es, Ihr Publikum an jedem digitalen Touchpoint und angepasst an die jeweilige Station in der Kundenreise möglichst rasch zu überzeugen und im Idealfall zu einer Handlung zu bewegen.

Visuelle und inhaltliche Ebene
Um das richtige Content-Format auszuwählen und es im Anschluss der richtigen Station der Kundenreise und letztlich dem passenden Kanal zuzuordnen, empfiehlt es sich, das Content-Stück, an dem Sie gerade arbeiten, gedanklich in zwei Ebenen zu trennen: die gestalterische, üblicherweise also die visuelle, und die inhaltliche. Dieses gedankliche Hilfsmittel wird Ihnen mit der Zeit Sicherheit geben beim Umgang mit Assets wie Bildern oder Videos und deren Anpassung an den richtigen Kanal.

Nehmen wir also an, Sie planen, etwas auf LinkedIn zu platzieren. Sie wissen, dass LinkedIn eine Vielzahl von Möglichkeiten bietet, Ihre Inhalte anzureichern. Sie können Ihrem Posting auf LinkedIn ein Video hinzufügen, eine Umfrage, ein Dokument und natürlich auch Bilder. Überlegen Sie also, wie Sie den eigentlichen Inhalt – nämlich das Posting zu Ihrem Blogbeitrag – durch eines der genannten visuellen Elemente entsprechend Ihrem Kommunikationsziel aufwerten können.

Das richtige Format in der Customer Journey

Nun müssen wir entscheiden, wie wir unsere Inhalte aufbereiten und wo in der Customer Journey sie am besten wirken. Der Einfachheit halber haben wir die Customer Journey in nur vier Stationen unterteilt: Awareness, Consideration, Preference, Purchase.

Customer-Journey-Phase	Kunden-Intention in der Phase	Content-Format
Awareness	Es gibt ein Bewusstsein für ein Problem.	Listicle Checkliste Podcast Live-Audio Infografik Blogbeitrag E-Book
Consideration	Aus dem Problembewusstsein wird Lösungssuche.	Listicle Checkliste Podcast Infografik Blogbeitrag E-Book Whitepaper Webinar How to-Content
Preference	Die Entscheidung für ein Investment ist gefallen, gezielte Anbietersuche	Checkliste Blogbeitrag Whitepaper Webinar How to-Content Produkttest
Purchase	Der Kunde/die Kundin hat uns gewählt, jetzt geht es um die Kaufbedingungen	Checkliste Blogbeitrag How to-Content Produkttest

Abb. 4: Content-Formate entlang der Customer Journey

Wirkung von Content-Formaten

Einige der erwähnten Content-Formate, das zeigt Ihnen unsere Tabelle, sind für mehrere Phasen der Customer Journey anwendbar. Ein Whitepaper kann in der Consideration-Phase ebenso wirken wie in der Preference-Phase. Wo es stärker wirkt, ist letztlich eine Frage der inhaltlichen Gewichtung. Werfen wir einen Blick auf die

Merkmale und die möglichen Effekte bestimmter Content-Formate:

- Das **Listicle** lockt insbesondere mit seinem hohen viralen Potenzial: die zehn wichtigsten Erfolgsgeheimnisse von Start-up-Gründern, die 50 geheimen Tipps zur Implementierung einer CRM-Software. Das alles spricht Anwenderinnen und Anwender Ihrer Inhalte schnell an und wird vermutlich gern in sozialen Netzwerken geteilt.
- Die **Checkliste** muss vor allem hohen Nutzwert bieten. Einen besonders guten Effekt erzielen Sie, wenn Sie Checklisten für jede Phase der Customer Journey zur Verfügung stellen und ein Leitsystem für den Anwender oder die Anwenderin Ihrer Inhalte entwickeln. Dabei ist die exakte Definition des Sweet Spots besonders wichtig.
- Der **Podcast** ist eines der vielleicht unterschätztesten und zugleich herausforderndsten Content-Formate: Podcasts erhöhen die Chance, Ihr Publikum in einem Nutzungskontext zu erreichen, der Ihnen bei Text oder visuellen Formaten verschlossen bleiben wird, nämlich etwa auch zu Tagesrandzeiten oder in der Freizeit. Wenn Sie einen Podcast starten wollen, achten Sie allerdings darauf, welche regelmäßige Frequenz Sie über einen langen Zeitraum tatsächlich durchhalten können. Überlegen Sie auch, wo Sie mit einem Podcast an schon vorhandene Inhalte andocken können.
- **Live-Audio** ist ein Content-Format, das relativ neu ist und durch Plattformen wie Clubhouse oder Twitter Spaces populär wurde. Live-Audio benötigt allerdings immer ein Thema, das kontrovers ist oder zumindest aus unter-

schiedlichen Perspektiven betrachtet werden kann – und damit auch Expertinnen und Experten, die am virtuellen Panel sitzen.
- **Infografiken** haben ebenso wie Listicles hohes virales Potenzial und werden in sozialen Netzwerken gern geteilt. Achten Sie bei der Gestaltung von Infografiken auf ein prägnantes Erscheinungsbild und auf die richtige Darstellung in den unterschiedlichen sozialen Netzwerken. Wie auch Podcasts können Infografiken bestehenden Content erweitern, indem sie etwa in einem sozialen Netzwerk gepostet werden und der dazugehörige Link zu einem Blogbeitrag, einem Whitepaper oder einer Checkliste führt. Denken Sie insbesondere bei der Produktion von Long Form Content die Auskopplung bestimmter Inhalte als Infografik mit.
- Der **Blogbeitrag** hat mehrere Funktionen in Ihrem Content-System, und er kann in allen Phasen der Kundenreise funktionieren. Blogbeiträge dienen als Trägersysteme für flankierende Inhalte wie Infografiken, Podcasts oder E-Books, sie sind entscheidend für die Auffindbarkeit in Suchmaschinen und ihre Form und inhaltliche Struktur dementsprechend flexibel.
- Das **E-Book** ist Long Form Content im besten Sinne und inhaltlich nicht zwangsläufig an besonders hohen Nutzwert gebunden. Ein E-Book kann eine adäquate Darreichungsform sein, um Ihre Firmengeschichte darzustellen, Ihre Mitarbeiterinnen und Mitarbeiter zu porträtieren oder auch um Ihr Unternehmen als Arbeitgebermarke zu positionieren.

- Das **Whitepaper** zählt zu jenen Content-Formaten, bei denen Nutzerinnen und Nutzer relativ lang verweilen. Ein Whitepaper hat im Gegensatz zum E-Book immer eine Problemlösung im Fokus, und je später es auf der Kundenreise eingesetzt werden soll, desto spezialisierter und enger wird der thematische Winkel. Ein Whitepaper sollte nach Möglichkeit viele quantifizierbare Fakten wie Umfragen oder Studienergebnisse beinhalten.
- Mit einem **Webinar** können Sie gerade in der Consideration- und Preference-Phase Ihr Know-how und die Problemlösungskompetenz Ihres Unternehmens in den Vordergrund stellen und Ihrer Kompetenz ein Gesicht geben, wenn ein Experte oder eine Expertin darin auftreten.
- Der **Produkttest** greift besonders in den letzten beiden Phasen der Kundenreise, er muss insbesondere in der Preference-Phase die letzten Zweifel und Fragen auszuräumen imstande sein.
- Die **Case Study** ist die Alleskönnerin unter den Content-Formaten. Sie baut Vertrauen auf, sie kann technische Details kommunizieren, sie kann den Sweet Spot schärfen. Beachten Sie bei der Produktion einer Case Study, dass der Anwender Ihres Produkts im Mittelpunkt steht. Bleiben Sie faktenfest.

Ein Hinweis zum Schluss: Machen Sie sich keine allzu großen Sorgen darüber, wenn Preference- und Purchase-Phase nicht völlig trennscharf segmentiert werden können. Machen Sie sich allerdings durchaus Sorgen, wenn Sie merken, dass Content für die ersten beiden Phasen im Überfluss vorhanden, Inhalte für die letzten beiden Stationen der Kundenreise allerdings Mangelware sind. Die digitale Simulation einer Kundenreise kann nur funktionieren, wenn Content für alle Phasen vorhanden ist. Planen Sie also Ihren Content langfristig und weisen Sie jedem neuen Stück sofort eine Station in der Customer Journey zu, um den Überblick zu bewahren.

Für den Aufbau einer Content-Strategie bedarf es genauer Überlegungen:

- Sie müssen die richtige Perspektive einnehmen und von der Kundenseite her denken und daraus die entsprechenden Werkzeuge entwickeln.
- Behandeln Sie Inhalte wie Produkte: Sie haben eine definierte Funktion, sie haben einen Preis, sie brauchen Vertrieb und womöglich auch Werbung.
- Der Sweet Spot verortet die thematischen Schwerpunkte Ihrer Storys. Mit dem Ziel-Wert-Preis-Modell können Sie Sweet Spots sicher finden.
- Ein Content Mission Statement formuliert das Versprechen an Ihre Leserinnen und Leser und gibt einen Überblick über die Highlights Ihres Angebots. Doch beachten Sie: Es geht bei einem Content Mission Statement nicht um Ihre Produkte oder Ihr Unternehmen, sondern ausschließlich um das inhaltliche Menü auf Ihren Plattformen.
- Nutzen Sie Content-Formate entlang der Customer Journey. Am Beginn der Customer Journey sind es eher einfache, schnell zu konsumierende Formate, die am besten funktionieren, gegen Ende der Kundenreise kann es auch Content sein, der einen höheren Zeitaufwand zur Konsumation erfordert.

Wie arbeitet der Digital Newsroom als Content Hub?

Seite 75

Welche Rollen gibt es im Digital Newsroom?

Seite 81

Wie gestalten Sie Ihr Themenmanagement möglichst effektiv?

Seite 84

4. Digital Newsroom: Ihre digitale Kommunikationszentrale

Herzlichen Glückwunsch! Sie haben Ihre Content-Strategie erfolgreich entwickelt. Und damit sind Sie – fast – am Ziel. Nun müssen Sie Ihre klugen Gedanken noch in die Praxis umsetzen. Denn Ihre Themen, Formate und Storys brauchen einen Content Hub: den Digital Newsroom.

4.1 Der Content Hub als Digital Newsroom

Mit einem Digital Newsroom schaffen Sie die zentrale Internet-Plattform für Ihre Content-Strategie. Hier kombinieren Sie Ihre Social-Media-Inhalte mit einem reichhaltigen redaktionellen Angebot. Ihr Digital Newsroom ist damit Online-Magazin, Corporate Blog und Social Media Hub in einem. Hier können Sie all die Themen ausspielen, die Sie im Rahmen der Content-Strategie entwickelt haben. Nun schaffen Sie den notwendigen Platz für Formate wie Audio, Video oder Foto. Hier präsentieren Sie Interviews, Features und Berichte. Und Sie integrieren Ihre Feeds auf LinkedIn, Instagram, Twitter und allen anderen Social-Media-Plattformen. Der Digital Newsroom bietet Ihnen Raum für kuratierte Inhalte. Auf diese Weise adressieren Sie alle digitalen Anspruchsgruppen, z. B.:

- Journalist:innen,
- Blogger:innen,
- Expert:innen,
- Influencer:innen,
- Mitarbeitende,
- Fans,
- Kundschaft

und viele weitere mehr. Wenn Sie einen Digital Newsroom einführen, sollten Sie über Ziele, Themenschwerpunkte, Struktur und Design sowie Asset Management nachdenken.

Ziele für den Digital Newsroom

In Ihrer Content-Strategie haben Sie eindeutige Ziele formuliert. Diese sollten Sie nun mit dem Digital Newsroom umsetzen. Wichtig ist dabei, welche strategische Ausrichtung Sie verfolgen. Im Zentrum steht die Frage: Welche Kommunikationsziele streben Sie für welche Zielgruppen/Personas an?

Dabei gelten folgende Grundsätze:
- Wir kommunizieren unsere strategischen Themen.
- Wir bündeln alle relevanten Inhalte auf einer Plattform.
- Wir adressieren alle digitalen Anspruchsgruppen.

Beispielhaft finden Sie hier **Ziele**, die ein B2B-Unternehmen für seinen Digital Newsroom definieren könnte:
- Marke und Image stärken
- Positionierung als Branchenexperte und Impulsgeber
- Employer Branding
- Neues Denken kommunizieren

- Aufklärung über neue Produkte
- Auslandsmärkte kommunikativ integrieren

Der Digital Newsroom will in diesem Fall folgende **Zielgruppen** adressieren:
- B2B, B2C
- Journalist:innen
- Blogger:innen
- Verbände
- Politik
- Influencer:innen
- Mitarbeitende
- Länder

Aus Themen werden Rubriken

In Ihrer Content-Strategie haben Sie den thematischen Rahmen für Ihre Kommunikation gesetzt. Diese Themen und Formate bilden nun die Struktur für die Rubriken und Kategorien in Ihrem Digital Newsroom. Seien Sie dabei so konkret und treffend wie möglich. Der Name der Rubrik ist die Kernaussage Ihrer Kommunikation. Sie haben hier die einmalige Chance, Ihr Publikum zu gewinnen. Vermeiden Sie also nichtssagende Rubriken wie:
- Informationen
- Download
- Home

Verwenden Sie stattdessen Rubriken, die Sie in Ihrer Content-Strategie herausgearbeitet haben. Hier nur einige Beispiele:

- Modelle
- Nachhaltigkeit
- Gesundheit
- Geschichte
- Kultur

Struktur und Design
Ihre Content-Strategie folgt einer klaren Struktur, die Sie nun gestalterisch umsetzen sollten. Dabei empfiehlt sich folgender Aufbau:
- Startseite
- Rubrikenseiten
- Corporate Design
- Module

Hier können Sie alle Formate aufbieten, die Sie in Ihrer Content-Strategie festgelegt haben. Also beispielsweise:
- Nachricht
- Interview
- Feature
- Reportage
- Bericht
- Video
- Fotogalerie
- Podcast
- PDF
- Bild/Grafik

Scrollytelling

Der Digital Newsroom ist Ihre kreative Spielwiese. So können Sie beispielsweise Scrollytelling betreiben. Diese Wortschöpfung verbindet das Geschichtenerzählen (Storytelling) mit dem Navigieren (Scrolling). Das Publikum scrollt über Ihre Geschichte. Dabei verschmelzen Text, Bild, Video und Podcast zu einem Beitrag.

Wer rezipiert die Inhalte?

Jedes Format lässt sich optisch auf der Seite umsetzen. Versetzen Sie sich idealerweise in die Rolle Ihres Publikums, das die Inhalte ja auf möglichst angenehme Weise konsumieren soll. Wenn Sie beispielsweise Journalist:innen erreichen wollen, sollten Sie diese Punkte beachten:

- Wie soll der Pressebereich strukturiert werden?
- Wer sind die Ansprechpersonen?
- Soll es unterschiedliche Kontakte für die jeweilige Rubrik/Kategorie geben?
- Wie gehen Sie mit Presseanfragen um?

Falls Sie **Social Media Feeds** integrieren, sollten Sie diese Elemente einbauen:

- Denken Sie an Links auf die eigenen Social-Media-Plattformen.
- Integrieren Sie eine dynamische Social Media Wall mit einer Übersicht zu den aktuellen Posts des Unternehmens.
- Bieten Sie Möglichkeiten an, Artikel zu teilen und weiterzuverbreiten.

Und denken Sie daran, dass hinter der ansprechenden **Optik** ein intelligentes Content Management steckt. Dazu sollten Sie einige Punkte beachten:
- Benennung der Seiten
- Einheitliche URLs
- Automatische IDs zur Differenzierung
- Tags
- Kategorien
- SEO-Titel
- Keywords

Besonders beliebt sind **Bilder** als Gestaltungselement im Digital Newsroom. Diese können Sie auf vielfältige Weise verwenden:
- als Titelbild zu jedem Beitrag
- als Stil-Element auf einer Artikelseite
- als Vorschaubild für Videos
- als Galerien

Asset Management

Anders als eine statische Website lebt Ihr Digital Newsroom von der Dynamik. Dies bedeutet, dass Bilder, Videos und andere Formate regelmäßig aktualisiert, verschoben und ergänzt werden. Diese Art der Verwaltung wird Asset Management genannt. Dabei entstehen einige Fragen, die Sie beantworten sollten:
- Müssen Sie Ihre Assets mehrsprachig benennen?
- Welche Ordnerstruktur legen Sie an?
- Ist es leicht möglich, ein Asset zu ersetzen?

- Haben Sie Tags, Kategorien, SEO-Titel und Keywords definiert?

In Ihrem Digital Newsroom bündeln Sie Ihre Themen, Ihre Geschichten, Ihre Bilder und Videos zu einem Produkt:
- Machen Sie sich Gedanken darüber, wie die in Ihrer Content-Strategie definierten Ziele am besten von der Struktur des Content Hubs unterstützt werden können.
- Eine der wichtigsten Methoden der Content-Inszenierung ist Scrollytelling, also die Konfektionierung von Text, Bildern oder Videos zu einem Beitrag.
- Ein Content Hub lebt von Dynamik. Das erfordert auch gewissenhaftes Asset Management, das Ihnen die nötige technische Bewegungsfreiheit beim Erschaffen neuer Inhalte gibt.

4.2 Verantwortung im Digital Newsroom

Der Digital Newsroom ist die ideale Plattform zur Umsetzung Ihrer Content-Strategie. Hier laufen alle Fäden zusammen. Und Ihre Nutzerinnen und Nutzer bekommen das komplette Angebot an Information. Nun geht es um die Fragen nach der **Verantwortlichkeit**:
- Wer recherchiert und gewichtet die Themen?
- Wer bereitet die Inhalte auf?
- In welchen Sprachen kommunizieren wir?
- Wer pflegt die aufbereiteten Inhalte in das CMS ein?
- Wer gibt die eingepflegten Inhalte zur Publikation frei?
- Wer kümmert sich um die Erfolgsmessung?

Die Antwort darauf liefert das Newsroom-Modell[20]. Damit Sie Ihren Content Hub betreiben können, sollten Sie die Verantwortung für Themen und Medien trennen. Auf der einen Seite arbeiten Profis für Inhalte. Sie kümmern sich um Themen und produzieren Texte, Bilder oder Formate. Auf der anderen Seite werden diese Inhalte ausgespielt auf Plattformen und Medien wie Instagram, im Blog oder auf der eigenen Website. In der Mitte gibt es eine Person, die dirigiert: Sie sorgt dafür, dass die richtigen Themen in die richtigen Kanäle kommen. Diese Stelle ist der entscheidende Erfolgsfaktor für einen funktionierenden Newsroom. Insgesamt besteht das Newsroom-Modell aus mindestens vier Ebenen:

1. Strategieteam +
2. CvD-Team +
3. Themenmanagement +
4. Medienmanagement.
5. Hinzu kann eine Einheit für Kreativmanagement kommen, die sich um Foto, Video, Grafik und Audio kümmert.

Strategieteam

An der Spitze des Newsrooms steht das Strategieteam. Es leistet strategische Kommunikationsarbeit, also Planung, Steuerung und Kontrolle von Themen. Damit ist es

- Brücke zur Unternehmensleitung,
- Bindeglied zwischen Unternehmens- und Kommunikationsstrategie,
- Ideengeber für die großen Themen der Langfristplanung sowie
- Impulsgeber für CvDs und Themenmanagement.

Das Strategieteam führt den Newsroom fachlich und disziplinarisch. Es
- trägt die Personal- und Sachverantwortung,
- hat das Weisungsrecht und das finale Entscheidungsrecht in allen inhaltlichen Fragen,
- entwickelt die strategische Themenplanung und die übergeordnete Core Story,
- verteilt Budgets und setzt Prioritäten für übergeordnete Themen.

CvD-Team

CvDs leisten operative Kommunikationsarbeit und können einzeln oder im Team auftreten. Sie sind das Bindeglied zwischen Themendesks und Mediendesks. Die CvDs stellen die Umsetzung der übergeordneten Strategie im Tagesgeschäft sicher und entscheiden über die Prioritäten von Themen. Dazu verantworten sie ein Planungstool, das für die Funktionsweise eines Newsrooms große Bedeutung hat. Das CvD-Team
- ist Teil des Strategieteams,
- leitet die Konferenzen und steuert Themen und Medien,
- stellt die kontinuierliche Pflege des Planungstools sicher,
- erhält Vorschläge von Themen- und Mediendesks,
- hat die letzte Entscheidungsgewalt im Tagesgeschäft,
- erteilt Arbeitsaufträge an Themen- und Mediendesks,
- bringt das Feedback und die Ergebnisse aus den Themen- und Mediendesks in die weitere Planung ein,
- ist ansprechbar bei inhaltlichen Fragestellungen,
- steht bei kritischen Fragen zur Verfügung und vermittelt,

- fungiert bei Bedarf als Kontakt für interne und externe Zielgruppen,
- liefert und sammelt Impulse zur strategischen Weiterentwicklung der Medien und
- liefert und sammelt Impulse zu relevanten Themenfeldern, Positionierungen und Kernbotschaften.

CvDs sollten erfahrene Persönlichkeiten sein. Wichtig ist, dass die CvDs ganzheitlich denken, entscheidungsstark handeln und dabei Themen und Medien im Blick behalten. Dazu sind eine Reihe von Kompetenzen notwendig:
- Führungskompetenz
- Fähigkeit zum Delegieren
- Organisationstalent
- strategisches Denken
- sicheres Auftreten
- Durchsetzungskraft
- journalistische Erfahrung
- Entscheidungsfähigkeit
- Gespür für Prozesse und Organisationsstrukturen
- Kompetenzen im Umgang mit Budgets

Themenmanagement
Die Themendesks bilden die Verbindungsstelle zu den Fachabteilungen im Unternehmen. Auf diese Weise erfahren Themenmanager:innen von vielen Themen und verkörpern so inhaltliche Fachkompetenz. Themendesks schlagen regelmäßig Inhalte vor. Die Desks bearbeiten, recherchieren und produzieren Content – und sorgen auch für die notwen-

digen Abstimmungen mit den Fachabteilungen. Wann immer ein Themendesk die Texte, Bilder oder O-Töne an einen Mediendesk liefert, informiert er die CvDs. Der Zuschnitt der Themendesks sollte sich an der Content-Strategie des Unternehmens orientieren. Themendesks

- verantworten einen definierten Themenbereich,
- sind Schnittstellen zu Fachbereichen, Tochtergesellschaften, Stakeholdern und Behörden,
- pflegen und erweitern das interne und externe Netzwerk,
- horchen journalistisch ins Unternehmen hinein,
- erkennen relevante Themen und Positionierungsmöglichkeiten,
- bringen Ideen in die Konferenz ein und
- identifizieren mögliche kritische Themen und bereiten diese inhaltlich auf.

Die Themendesks geben ihre Ideen zunächst in das Planungstool ein. Sie

- überblicken die gesamte Produktion ihrer Themen,
- recherchieren und erstellen themenspezifische Inhalte (beispielsweise Texte für verschiedene Medien und Plattformen),
- initiieren und produzieren ergänzende Formate wie etwa Infografiken, Foto- und Filmmaterial,
- stimmen Inhalte ab und holen Freigaben aus Fachabteilungen ein und
- planen und steuern übergreifende Projekte und Kampagnen mit Bezug zum eigenen Themenbereich.

Medienmanagement

Die Mediendesks betreuen die Plattformen und Kanäle, auf denen das Unternehmen kommuniziert. Ihr Zuschnitt ändert sich regelmäßig, weil neue Plattformen entstehen und alte Medien an Bedeutung verlieren können. Mediendesks
- entwickeln ihre Plattformen,
- kennen ihre Zielgruppen,
- betreuen einen oder mehrere Kanäle,
- sind für die Qualität in ihrem Kanal verantwortlich,
- verfügen über ein Vorschlagsrecht bei der Frage, ob ein Thema für ein Medium geeignet ist,
- stellen sicher, dass die Inhalte den Anforderungen des Mediums entsprechen,
- betreiben Monitoring und Erfolgskontrolle,
- planen und überblicken Budgets für relevante Medienformate.

Die Desks können jeweils aus einer oder mehreren Personen bestehen. Diese Medienmanager:innen bringen sich früh in die Themenplanung ein. Sie
- halten engen Kontakt zum CvD-Team,
- nehmen an Konferenzen teil,
- geben Feedback zu Themenideen und
- hören in den Markt hinein und geben immer wieder inhaltliche Impulse in den Corporate Newsroom.

In einem Digital Newsroom präsentieren Sie, was Sie an schöpferischer Arbeit in Ihre Texte, Bilder, Videos investiert haben. Er ist das Schaufenster Ihres Tuns.

- Entscheidend für das Gelingen ist einerseits die Technologie im Hintergrund und die strukturelle und gestalterische Ebene, die dann die User:innen zum Konsum Ihrer Inhalte verlockt.
- Ein Digital Newsroom lebt von der Dynamik seiner Inhalte – demensprechend ist es notwendig, sich im Hintergrund um eine präzise Verwaltung der Content Assets zu kümmern, um mit einer breiten Palette an Content-Formaten zurechtzukommen.
- Die Struktur Ihres Digital Newsrooms wird durch die Themenarchitektur Ihrer Content-Strategie bestimmt.

Der Aufbau eines Corporate Newsrooms sieht des Weiteren eine eindeutige Trennung von Themen und Medien vor.
Das Newsroom-Modell besteht aus mindestens vier Ebenen:

- Strategieteam,
- CvD,
- Themenmanagement und
- Medienmanagement.

Daneben sind weitere Rollen denkbar, zum Beispiel ein Kreativmanagement, das sich um Foto, Video, Grafik und Audio kümmert.

Fast Reader

1. Content Divide: Inhalt wird zum entscheidenden Asset

Die Gewissheiten der Medienlandschaft lösen sich langsam auf. Traditionelle Medien leiden unter prekären wirtschaftlichen Bedingungen und einem zunehmenden Vertrauensverlust der Medienkonsumentinnen und -konsumenten. Das verändert auch die Unternehmenskommunikation.

- Wenn Medien ihre vertrauensfördernde Funktion in der Gesellschaft verlieren und gleichzeitig soziale Medien meinungs- und teilweise vertrauensstärkere Player hervorbringen, bietet sich für Unternehmen die Chance, das Vakuum zu füllen: mit Content Marketing, das über nutzwertige Inhalte zum Gravitationszentrum der Informationsbedürfnisse verschiedener Zielgruppen wird.
- Wenn Unternehmen ihre Kommunikation auf werthaltigen Informationen aufbauen und gleichzeitig die Distribution ihrer Inhalte verfeinern, können sie einen enormen Effekt erzielen.
- Mit Content Marketing können nutzwertige Informationen zielgerichtet distribuiert werden, es fungiert als Bindeglied zwischen Unternehmen und Kundinnen und Kunden – der Umweg über traditionelle Medien und Kanäle ist nicht mehr notwendig. Und auch nicht mehr unbedingt zielführend.

- Eine Content-Strategie wirkt idealerweise auch nach innen, indem sie Silos zwischen unterschiedlichen Informationsbrokern im Unternehmen auflöst.

2. Content-Strategie & Message Control: Die richtigen Themen finden

Nein, Content Marketing ist nicht Werbung und es ist nicht Pressearbeit, es geht nicht um bloße Klicks, aber auch nicht um Vertrieb. Texte sind oft tragende Elemente einer Content-Strategie, aber die Kraft von Content Marketing entfaltet sich erst in wechselnden, der jeweiligen Bedürfnisphase angepassten Content-Formaten.

- Eine gute Content-Strategie gründet auf den Bedürfnissen der zu erreichenden Menschen entlang der Customer Journey und darauf, diese Bedürfnisse richtig zu deuten und in einen Content-Fahrplan zu übersetzen.
- Um eine erfolgreiche Content-Strategie aufzusetzen, müssen Sie erst einmal ein möglichst komplettes Bild Ihrer Organisation gewinnen, über die wesentlichen Abteilungen und deren Tun, über Prozesse und schon vorhandene Inhalte.
- Und Sie müssen eine Content-Kultur etablieren, die möglichst transparent macht, wozu denn Content Marketing überhaupt nötig und was es zu leisten imstande ist.
- Erst dann sollten Sie sich auf die konkrete Realisierung Ihrer Strategie konzentrieren: auf die Frage nach den Zielen, auf Personas und thematische Sweet Spots.

3. Content-Formate & Themen: Wie Inhalte erfolgreich werden

Eine erfolgreiche Content-Strategie wird von vier tragenden Säulen eingerahmt: dem Content Mission Statement, den Personas, dem Finden eines thematischen Sweet Spots und der Architektur eines Content Hubs. Fehlt auch nur eine einzige Säule, wird Ihr Content-Gebäude instabil.

- Zunächst einmal formulieren Sie mit dem Content Mission Statement, welche Inhalte und Formate Sie bieten und warum Sie diese Ihrer Zielgruppe offerieren.
- Mit dem Personas-Prozess lernen Sie Ihre Zielgruppen und deren tatsächliche Bedürfnisse über ein System von Interviews und Segmentierung von Pain Points kennen.
- Mit einem Sweet Spot treffen Sie zielsicher die Erwartungen Ihrer Personas an jede einzelne Geschichte.
- Mit einem Content Hub orchestrieren und ordnen Sie die Inhalte benutzer- und suchmaschinenfreundlich.
- Nutzen Sie verschiedene Content-Formate entlang der Customer Journey. Am Beginn der Customer Journey sind es eher einfache, schnell zu konsumierende Formate, die am besten funktionieren, gegen Ende der Kundenreise kann es auch Content sein, der einen höheren Zeitaufwand zur Konsumation erfordert.

4. Digital Newsroom: Ihre digitale Kommunikationszentrale

Zu einer funktionierenden Content-Strategie braucht es auch eine funktionierende Aufgaben- und Rollenverteilung, online organisiert in einem Content Hub, betrieben in einem Digital Newsroom.

- Grundsätzlich ist es wichtig, in Ihrem Content Hub sowohl Ordnung in Ihre Assets zu bringen wie auch unterschiedliche Medientypen abbilden zu können.
- Definieren Sie Ihre Ziele, Zielgruppen, setzen Sie Schwerpunkte mit Rubriken und planen Sie die effektive optische Umsetzung Ihrer Inhalte.
- Im Newsroom kommt es stark darauf an, ein arbeitsteiliges, aber auch hierarchisch klares System zu etablieren, das auf die Notwendigkeiten der heutigen Multi-Channel-Kommunikation reagieren kann.
- Das Newsroom-Modell besteht aus mindestens vier Ebenen: dem Strategieteam, dem CvD, dem Themenmanagement und dem Medienmanagement.

Die Autoren

Martin Schwarz war Journalist bei verschiedenen Medien in Österreich und Deutschland und von 2007 bis 2017 Chefredakteur von 4c, dem Magazin für Druck, Design & digitale Medienproduktion. 2016 wurde er von einer Jury zum „Fachjournalisten des Jahres" gekürt und erhielt mit dem Karl Theodor Vogel Preis den höchstdotierten Fachjournalisten-Preis im deutschsprachigen Raum. Bei einem Fachmedienhaus war Martin Schwarz von 2017 bis 2021 als Leiter Digitale Medien für die digitale Transformation zuständig und Co-Gründer der B2B Marketing-Agentur des Medienhauses. Er ist geschäftsführender Gesellschafter der AustriaContent Moss & Schwarz GmbH.

Kontakt:
AustriaContent Moss & Schwarz GmbH
B2B Content Marketing. Ganz einfach.
Ernst Renz-Gasse 7/3/31
A-1020 Wien
austriacontent.at
LinkedIn: linkedin.com/in/martinschwarz1/

 **Christoph Moss** unterrichtet Kommunikation und Marketing an der International School of Management. Er hat das Corporate-Newsroom-Modell entwickelt und mehr als hundert Mal umgesetzt – etwa bei Siemens, Fraport oder Swiss Life. Er war Deskchef im Handelsblatt-Newsroom und leitete die Georg von Holtzbrinck-Schule für Wirtschaftsjournalisten. Christoph Moss ist geschäftsführender Gesellschafter von Mediamoss (Dortmund, Stuttgart) und Co-Gründer von AustriaContent (Wien).

Kontakt:
Mediamoss GmbH
Die Newsroom-Agentur
Joseph-von-Fraunhofer-Straße 20
D-44227 Dortmund
mediamoss.me
LinkedIn: https://linkedin.com/in/christophmoss/

Quellen

1 https://www.buzzvalve.com/post/the-remarkable-evolution-of-content-marketing. Zuletzt abgerufen am 20.02.2022.

2 Baker, D. (2013). "We Want to Retire the Press Release": An Interview with GE's Tomas Keller. Verfügbar unter: https://contently.com/2013/07/29/we-want-to-retire-the-press-release-an-interview-with-ges-tomas-kellner/. Zuletzt abgerufen am 20.02.2022.

3 Edelman (2021). 21st Annual Trust Barometer.

4 Vogel Communications Group (2020). B2B Marketing und Informationsquellen in der Industrie. Eine Studie der Vogel Communications Group.

5 Content Marketing Forum, Scion (2020). Die CMF-Basisstudie 2020, Presseaussendung.

6 Pulizzi, J. (2014). Epic Content Marketing. How To Tell a Different Story, Break Through the Clutter, and Win More Customers by Marketing Less. McGraw Hill Education.

7 Koch, T. (2018, 9. Oktober). Nie war die Botschaft so wertlos wie heute. Verfügbar unter: https://www.wiwo.de/unternehmen/dienstleister/werbesprech-nie-war-die-botschaft-so-wertlos-wie-heute/23163046.html. Zuletzt abgerufen am 27.11.2022.

8 Storm, M. What's a Good Click-through Rate (CTR) for Your Industry? Verfügbar unter: https://www.webfx.com/blog/marketing/whats-good-click-rate-ctr-industry/. Zuletzt abgerufen am 27.11.2022.

9 Beveridge, C. (2022, 16. März). 33 Twitter Stats That Matter to Marketers in 2022. Verfügbar unter: https://blog.hootsuite.com/twitter-statistics/#General_Twitter_stats. Zuletzt abgerufen am 27.11.2022.

10 Schaefer, M. (2014, 1. Juni). Content Shock: Why content marketing is not a sustainable strategy. Verfügbar unter: https://businessesgrow.com/2014/01/06/content-shock/. Zuletzt abgerufen am 27.11.2022.

11 Krum, R. (2015, 21. Januar). The Key to Infographic Marketing: The Picture Superiority Effect. Verfügbar unter: https://www.huffpost.com/entry/the-key-to-infographic-ma_b_6510744. Zuletzt abgerufen am 27.11.2022.

12 Grunert, Gerrit. (2019). Methodisches Content Marketing. SpringerGabler.

13 Lazaukas, J. (2015, 5. November). 'We're a Media Company Now´: Inside Marriott's Incredible Money-Making Content Studio. Verfügbar unter: https://contently.com/2015/11/05/were-a-media-company-now-inside-marriotts-incredible-money-making-content-studio/. Zuletzt abgerufen am 20.02.2022.

14 Von Hirschfeld, J. (2018). Lean Content Marketing. Groß denken, schlank starten. Praxisleitfaden für das B2B-Marketing (2. Aufl.). d.punkt Verlag GmbH/O´Reilly.

15 Revella, A. (2015). Buyer Personas. How To Gain Insight Into Your Customer´s Expectations, Align your Marketing Strategies, and Win More Business. John Wiley & Sons Inc.

16 Pulizzi, J. (2016). Content Inc. How Entrepreneurs Use Content To Build Massive Audiences And Create Radically Successful Businesses. McGraw Hill Education.

17 Weller, R. (2019). Portfoliomanagement im Content Marketing. Einführung in die Wertoptimierung digitaler Inhalte. SpringerGabler.

18 Scott, M. D. (2014, 16. Juni). How Beko develops products global consumers are eager to buy. Verfügbar unter: https://www.davidmeermanscott.com/blog/2014/06/how-beko-develops-products-global-consumers-are-eager-to-buy.html. Zuletzt abgerufen am 27.11.2022.

19 Hooton, C. (2015, 13. Mai). Our attention span is now less than that of a goldfish, Microsoft study finds. Verfügbar unter: https://www.independent.co.uk/news/science/our-attention-span-is-now-less-than-that-of-a-goldfish-microsoft-study-finds-10247553.html. Zuletzt abgerufen am 27.11.2022.

20 Moss, C. (2022). 30 Minuten Corporate Newsroom. Gabal.

Register

Asset Management 76, 80f.
Awareness 27f., 69

Blogbeitrag 68f., 71
Buying Center 18, 44, 57ff.

Checkliste 67, 69ff.
Consideration 27, 69, 72
Content Divide 9, 18, 88
Content Hub 28, 75, 81f., 90f.
Content Shock 28

Digital Newsroom 75ff., 79-83, 86f., 91

Ego Content 26

Funnel 19

Gated Content 27f.

Infografik 35, 69, 71, 85

Listicle 69ff.
Live-Audio 69f.

Mediendesk 83, 85f.

Newsroom-Modell 82, 87, 91

Picture Superiority Effect 35
Pillar Content 65f.
Podcast 69ff., 78f.
Preference 69, 72
Purchase 27, 33, 69, 72

Scrollytelling 79, 81
Strategischer Content 31f.

Themenarchitektur 60, 64, 87
Themendesk 83ff.
Topic Cluster 64, 66f.

Ungated Content 27f.

Whitepaper 19, 27, 40, 69, 71f.